成功的魔咒

THE CURSE OF THE CAPABLE

［美］亚瑟·乔拉米卡利 ［美］约翰·艾伦·莫伦豪尔◎著
李楠◎译

海南出版社
·海口·

版权合同登记号：图字：30-2023-028 号

图书在版编目（CIP）数据

成功的魔咒 /（美）亚瑟·乔拉米卡利
(Arthur Ciaramicoli)，（美）约翰·艾伦·莫伦豪尔
(John Allen Mollenhauer) 著；李楠译. -- 海口：海
南出版社，2023.8
书名原文：The Curse of the Capable: The Hidden
Challenges to a Balanced, Healthy, High-Achieving
Life
ISBN 978-7-5730-1215-9

Ⅰ. ①成… Ⅱ. ①亚… ②约… ③李… Ⅲ. ①心理学
－通俗读物 Ⅳ. ① B84-49

中国国家版本馆 CIP 数据核字 (2023) 第 122851 号

成功的魔咒
CHENGGONG DE MOZHOU

作　　者：〔美〕亚瑟·乔拉米卡利，〔美〕约翰·艾伦·莫伦豪尔
译　　者：李　楠
出 品 人：王景霞
责任编辑：张　雪
选题策划：银河系
责任印制：杨　程
印刷装订：北京兰星球彩色印刷有限公司
读者服务：唐雪飞
出版发行：海南出版社
总社地址：海口市金盘开发区建设三横路 2 号　　邮编：570216
北京地址：北京市朝阳区黄厂路 3 号院 7 号楼 101 室
电　　话：0898-66812392　010-87336670
电子邮箱：hnbook@263.net
经　　销：全国新华书店
版　　次：2023 年 8 月第 1 版
印　　次：2023 年 8 月第 1 次印刷
开　　本：700 mm × 1000 mm　1/16
印　　张：17.5
字　　数：222 千字
书　　号：ISBN 978-7-5730-1215-9
定　　价：59.80 元

推荐语

我不是一个会轻易流泪的人，但在读到那些与“魔咒”苦苦抗争、却始终无法找到出路的故事时，我仍然不禁热泪盈眶。我看过几位精神科医生，也尝试服用过几种不同的药物，但感觉并未好转，也便失去了信心。后来，我加入了心理治疗团体，慢慢开始感受到自己被理解，也越来越放松，这个过程缓慢却持久。这本书提醒了我，自己是多么迫切地想要成功，而挣脱成功的“魔咒”后，我体会到一种满足感，一种生命中从未有过的满足感。乔拉米卡利博士认为共情是取得成功的关键因素，而我那受过法律思维训练的头脑花了好几个月的时间才相信这一观点。读者可以在书中读到很多令人信服的例子，这让我们确信：如果我们不知道如何进入他人的世界，我们终将迷失，不知所终。

律师 丽贝卡（Rebecca）

不惜一切代价所取得的成功根本就不是真正意义上的成功，这往往会让你的家庭和生活后继乏力。如果你为了取得成功而精疲力竭，那么你可能已经认识到这一点了，但问题的关键在于你会如何应对。“魔咒”原本是一个无路可逃的陷阱，但现在这一切都改变了！乔拉米卡利博士和莫伦豪尔教练为取得真正的成功制订了一套令人心动的战术计划，这是我之前闻所未闻的。在本书的每个阶段，你都会读到深刻的见解和感人的实例，也可以尝试回答发人深思的问题，这些都可以帮我们找到“魔咒”背后的原因。如果读懂了这些内容，你就可以愉悦、从容地走上人生赛道，尽情地展现自我，赢得最终的胜利。

教练 戴夫·巴克（Dave Buck）

读完这本书后，我唯一的遗憾就是希望能在10年前就读到这本书。今天，我基本上已经从迫使自己不惜一切代价去追求成功的欲望中解脱。但是如果在多年前我就知道自己需要了解自己的状态，更加放松自信的话，我本可以挽救我的婚姻，并成为一个更好的父亲。我希望每一个被误导以为要获得爱就必须拼命付出的人都读一下这本书，本书列举的日志问题都是富有挑战性的，它们会帮你思考自身行为背后的动机是什么。作者用赞美的口吻描述了我们在团体中的经历。书里面的故事非常感人，当然我也从中看到了自己认识的一些人，包括我自己。当我通读完此书时，我对自己和所有像我一样有能力，却无法真正走向成功的人都满怀希冀。

建筑施工企业主 弗兰克（Frank）

如果没有了健康，再多的成就也无济于事。健康状况越好，我们就越容易取得更多的成就。这本书是一记警钟，也是一剂解药，能够唤醒和拯救被快节奏的现代生活裹挟着前行的人们。但是它不会让你放慢前进的速度。事实上，它会把你送上通往健康和富足的终极幸福快车。

《畅想宣言》（*The Think Big Manifesto*）作者

迈克尔·波特（Michael Port）

读完这本书以后，我又一次发现自己的内心充满了感激之情，深感自己是如此幸运能成为您的患者。这些故事充满力量。当然，作为一位团体成员，我亲身见证了大家（包括我自己在内）的转变：从饱受“魔咒”的困扰，到可以自由自在地释放出真正的潜能。我希望那些竭尽所能，却仍然无法感觉圆满的人，都能读到您新书中概述的四个阶段，并加以探索。我想如果每个人都读过我最喜欢的章节——《开放的心灵和思想——灵性学习者》，这个世界就会变得和谐。感谢您的耐心和智慧，感谢您能理解我为了让自己感到更充实所付出的所有努力，而在此之前，似乎从未有人对此表示过理解。

项目经理 琳达（Linda）

了解自己是谁已经成为自我关爱的重中之重。选择以何种方式生活要从你如何认识自己，从你如何讲述人生故事，从你如何在这个世界自处开始。如果你的内心故事无法为你的生命提供滋养，就会导致成就上瘾（Performance Addiction）和一系列不健康的生活方式，这是我们平时各种问题的根源。这本书能帮助我们洞察之前很少有人关注和解释的恶性循环，这种循环甚至也会在极其成功的人士身上出现。如果你想过上平衡、健康的成功人生，这本书很值得一读。

医学博士 苏珊妮·斯坦鲍姆（Suzanne Steinbaum）

这本著作告诉我们，追求引人注目的成就可能会让许多人走向不幸和自我毁灭之路。如果你想要更好地了解人类如何获得内心的平静和快乐，这是一本必读之书。毕竟，身体的健康取决于诸多因素，包括我们与他人之间的亲密和关爱，以及我们对可能破坏这种关系的竞争欲望的掌控。

营养健康饮食之父 乔尔·福尔曼（Joel Fuhrman）

在阅读这本书的时候，我想到了很多我认识的或者素未谋面的人，他们都不如我和其他团体成员那样幸运。我想到了我们都认识的那位运动明星，她在比赛失败后结束了自己的生命。我在想，如果有你这样的人曾经出现在她的生命中，那她的命运是否会有所不同。在我读到这四个阶段的每一个部分时，我的心情都会随着每一个故事跌宕起伏，为每一个我认识的人所取得的胜利感到心潮起伏、不能平静。我想说的是：乔拉米卡利博士，你是上天的恩赐，是上天对我、安东尼（Anthony）和吉娜（Gina），以及无数受过你慰藉的人的恩赐。你对他人的帮助具有无比崇高的意义，其他事情都无法与之媲美——无论是签订职业棒球合约，还是跑50场马拉松，甚至获得博士学位，或者出版一本著作。而这本书，是你所有的著作中最好的一本！

销售经理 约翰（John）

我把事业做到了极致，每周工作80个小时，还经常出差。当我最终取得成功时，我告诉我的合伙人，我觉得自己被诅咒了。为什么？因为每天我都无法感受到内心的宁静，工作纷至沓来，根本不像我想象中的那样。我忽视了妻子和孩子们，我始终认为，一旦我成功了，有了很多钱，搬进更大的房子，我们就会变得很幸福。乔拉米卡利博士，你的工作让我相信，自己和其他人一样，一直生活在一个将我们每个人都逼入绝境的海市蜃楼中。很荣幸您把我的故事写进了这本新书里，我曾经迷失方向，现在已经学会了通往心灵平静之路的技巧，我因此感到自豪。读懂你的书和参加团体一样，都需要付出努力，我相信成功者都不会畏缩不前。但这种努力并不一样，这是灵魂和心灵层面的努力，对此我知之甚少。每个人都会因阅读此书而受益，因为这本书让我们决心敞开心扉，开始学习之旅。恭喜你！

退休CEO 汤姆（Tom）

这是一本非常棒的书！起初我在想，为什么我会在意乔拉米卡利博士的来访者所叙述的那些不同寻常的故事。直到我看到了今天我们都在经历的魔咒的模式。摘掉自己的面具，我找到了可以解释这一心路历程的文字和智慧的见解，它们将帮助我过上健康并且成就斐然的人生。本书中有很多值得反思的深刻见解。开始阅读吧，你将会深受鼓舞，并获得心灵的自由。

公司总裁 保罗·欣德朗（Paul Hindelang）

这本书揭示了一个谜团，那就是为什么成功者有时会选择放弃自己的健康和幸福。通过这本书里提到的故事以及启发思考的积极练习，我们得以瞥见自身对成为重要人物的狂热渴望，完善我们尚不成熟的见解，重新谱写个人和职业故事的新篇章。从这本书中汲取智慧并付诸行动，这是唤醒你宝贵人生的最佳方式。

工商管理总裁 凯瑟琳·帕斯蒂尔（Cathrine Pastille）

幸福是我们都在寻找的光明，有时可能难以捉摸，但只要知道它确实存在，我们就会心怀希望并加倍努力。这本书为我们指出了通向幸福的康庄大道。读一读这本书，亲身去体会吧。

《救命饮食》（*The China Study*）作者

柯林·坎贝尔（Colin Campbell）

乔拉米卡利博士的《成就上瘾》（*Performance Addiction*）对于企业的成功有很多深刻的见解。在这本新作中，他敏锐地捕捉到了是什么驱使我们不惜一切代价走向成功。企业界很多人士都感受到魔咒带来的困扰，而作为一名高级经理人，通过阅读和理解乔拉米卡利博士的来访者们的人生，我受益匪浅。他们正在努力让自己更加健康。每一个故事似乎都包含了一种在压力环境下取得胜利的新方法，特别是获得稳定的自我价值感而必须逾越的挑战。我已经向所有的员工都推荐了这本书，并且还要反复阅读学习。这本书远远胜于同类型的自助类书籍，它提供了让你在保持平衡的同时还能成就斐然的真正方法。

高级总监 理查德·沃纳（Richard Werner）

自从2000年乔拉米卡利博士出版《共情的力量》(*The Power of Empathy*)一书以来，我一直在关注他的工作。他对成功者心灵的理解能力令人惊叹。在本书中，来访者们的故事令人伤感、扣人心弦，又充满了真知灼见，本书将引领那些饱受魔咒困扰的善良而有天赋的人获得未曾感受过的快乐。乔拉米卡利博士分享了一些策略，这些策略将让成功者过上他们梦寐以求的生活，与此同时最大程度地发挥自己的潜力。

心理学家 罗伯特·查涅(Robert Cherney)

你是否感到压力重重、精疲力竭、无精打采，并且闷闷不乐？那或许是成就上瘾让你无法享受自己的生活。如果某种东西颠覆了你的生活，那么你不得不在某个时间点做出真正的改变。但如果是对最佳表现的追求颠覆了你的生活，局面就有点不妙了。本书破解了为什么改变生活方式是如此困难的问题，它就像你在沙漠中全速奔跑多年后，出现在你面前的那一杯水。它让你如释重负，开始创造新的生活方式，这种生活方式会支持你不断取得成就，而无须以牺牲人生的其他方面作为代价。

《生命的力量》(*Strength for Life*)作者

肖恩·菲利普斯(Shawn Phillips)

这本书提供了一张路线图，让我们由内而外发生改变。对那些成功者来说，其价值弥足珍贵。此书将心理学理论应用到现实生活中，是关于我们的(内在)心理如何，以及为何会驱动(外在)行为的迷你课程。通过令人感伤的临床病例，乔拉米卡利博士向我们证明了人们有能力摆脱内心的挣扎。它更像是一本个人改变的指导手册。每一章都附有具有挑战性的问题和具体的实践计划，可以帮助你改写内心的故事。使用这本手册重新改写你的故事，打破魔咒，享受生命吧！

执业临床心理学家　杰弗里·A.贝特曼（Jeffrey A. Betman）

在我们国家如此重视更多的成就和创造的时候，这本书却试图将人们的注意力转移到“平衡和存在”上，并勇敢地挑战了长期以来关于成就感和幸福的社会信念。这本书清晰传递了这个深深触动我内心的信息：“我所寻求的任何积极改变都必须首先在我的内心发生。”这本书终将激励很多人！

放松和疗愈中心联合创始人

文斯·法隆（Vince Falone）

振作起来……这本书会给你的生活带来多大的改变啊！“魔咒”确实存在……我们生活在一个如此重视在专业上取得卓越成就的社会，而忘记了卓越的真正含义是什么。在这本精彩之作中，作者将告诉你如何拥有无条件的幸福和充实的人生。每一位父母、青年和任何一位虽然取得了世俗意义上的“成功”但内心仍有点空虚的人，都必须读一下乔拉米卡利博士的这本著作。

《脂肪燃烧炉》（*Fat Burning Furnace*）作者

鲍勃·普洛斯（Rob Poulos）

这本书提出了一个深刻的见解：“只有通过他人真诚的反馈，我们才能真正了解自己到底是谁。”乔拉米卡利博士和莫伦豪尔教练找到了一条切实可行的路径，将这一见解付诸实践。抱着真诚和开放的心态每天认真记录并回答日志问题，你就可以踏上发现之旅。感谢他们为这本书付出的辛勤工作！

新泽西州国际人类项目中心主任

托马斯·霍尔（Thomas Houle）

如果你想寻找一种适合自己的生活方式，这本书是你的必读书目。它涉及被大多数人所忽视的生活方式的主要方面。你看不到它们，但它们却永不停止地驱使你。为什么非要等到你完成目标后，才开始按照你想要的和需要的方式生活，去改善自己的状态和感觉并保持健康呢？我的客户们会告诉我，等到他们手上的项目结束，或者夏天过去了，他们就会开始锻炼。他们正在错失良机！乔拉米卡利博士和莫伦豪尔教练已经描绘出一份真正的路线图，帮助人们摆脱那些阻碍人们有质量地生活并取得佳绩的因素。

Performance Lifestyle项目联合创始人

埃迪·恩里克斯（Eddie Enriquez）

哇喔！这本书详尽地解释了很多高成就者面临的最大挑战，以及如何突破沿途的阻碍。我立刻被这些活生生的例子所吸引，这些很有天赋的人发现自己在人生的某个点卡住了，而改变想法可以立刻让他们从强加给自己的束缚中解脱出来。对于那些想要在个人生活和职业生活中有更多收获的人来说，这本书非常有价值！

健康倡导者 凯文·詹尼（Kevin Gianni）

在这本具有开创性的著作中，我们发现了人际沟通的真正力量。它可以治愈创伤，让我们继续前进，并拥有充实和快乐的职业和家庭生活。通过感知和共情，以及真正了解那些让成功人士也会感到迷惘、焦虑和空虚的因素，我们才有机会最终改写自己内心的个人故事，并用重新生发的内在智慧进行交流！

网站创始人 费利西亚·斯莱特里（Felicia Slattery）

如果自己能修理汽车、修理割草机、写书、创建网页、管理自己的财务、完全掌握主动权，这不是很好吗？整个美国花费在指南书籍上的金额有数十亿美元，都是为了让我们变得更加能干，但这是为什么？是什么驱使你凡事都亲力亲为？乔拉米卡利博士和莫伦豪尔教练敏锐地捕捉到了我们这么多人想要变得如此有能力，觉得自己必须“搞定一切”背后的原因，而这些原因常常被我们忽视和低估。

高管教练 汤姆·特维莱格（Tom Terwilliger）

推荐序

在人生的大部分时间里，我身边都围绕着各种取得很高成就的人。我指的并不只是职业运动员或媒体专业人士，还包括当地的体育老师、校医或农民，工作了一天后还要为全家做饭的母亲——她在从事一份兼职工作之余，努力做一位从不抱怨的贤惠妻子和朋友。在我看来，他们似乎都很成功。

尤其是当我在美国国家橄榄球联盟（National Football League）待了15年之后，我就一直在想，为什么一些非常有能力的人在处理健康、人际关系、养育子女和婚姻问题方面会如此困难。经过多年的观察，我发现能在事业和生活之间取得平衡的人显然是凤毛麟角。

我见过各行各业的才华出众者，他们不停地胡吃海喝，或者沉溺于某些行为，生活得并不幸福、不快乐。我也见过很多成功者，尽管他们不懈努力、成就斐然，但看起来却疲惫不堪，没有人知道他们的内心是多么不堪重负。

在从西海岸飞回家的飞机上，我开始阅读这本书。读了几章之后，我不得不从座位上站起来，来回踱步以平复我的情绪。我不敢相信，我多年以来的疑问终于有人对此做出了解答。

显然，乔拉米卡利博士长期以来一直致力于研究成功者的生活。他揭示了我们所有人都必须面对的隐匿挑战，并为那些感到被“魔咒”困扰的人们制定了策略，让他们最终能过上自己梦寐以求的人生。

终于，我们看到了一份地图，这份地图可以指引成功人士获得全方位的成功，而不仅仅在某些领域里遥遥领先。从未有过哪一本著作，将实现平衡和健康人生的策略概括得如此清晰又实用。

这本书不仅让我们所有人了解到过去是如何让我们感到压抑的，并且还可以帮助我们每个人理解自身的阻碍并找到解决方案，重新振作起来。我不会向你透露哪一章是我的生活缩影，你得继续读下去才能弄明白。我鼓励你诚实地回答每一章结尾的问题，并跟你真心关心的人进行分享。我认为，它会让你成为一个更好的自己，成为一个更好的丈夫、妻子、父母、教练和朋友。

超级碗最有价值球员、橄榄球运动分析员、前纽约巨人队球星

菲尔·希姆斯（Phil Simms）

前言

如果认真探究一下世界各地成功者的故事，我们就会发现：你早年创造的关于自己的故事（部分是虚构的），对你现在的生活风格，即你的思维方式和生活方式都会产生巨大的影响。

有一种司空见惯的观点认为，每一位我们文化所定义的成功者内心都非常平和，对自己走过的人生之路感到心满意足。这种看法与现实吻合吗？并非总是如此。事实上，数以百万计的成功者都陷入了这样一种思维陷阱：外貌和地位是通往爱和尊重的黄金之路。在这个故事版本的驱动下，他们试图完善自己，通过不断取得成就来隐藏对自身的怀疑，而这些成就是以失去平衡和幸福为代价的。他们的身心都疲惫不堪，心力交瘁，超重等健康问题也随之而来，他们时常感到失望和沮丧。

在《成功的魔咒》中，我们可以看到，人们对于自身失之偏颇的观点会导致脆弱的自我、成瘾性认知和行为，以及大多数人无法发现或者打破的神秘恶性循环。本书的作者乔拉米卡利博士也是《共情的力量》和《成就上瘾》的作者，在过去的30多年时间里，他一直致力于研究、治疗并帮助各行各业的成功者。他们聪明而富有天赋，却因为无法应对自己的个人故事所带来的挑战而不能获得人生幸福。

这种让人们陷入迷茫和困惑，最终阻碍他们走向成功人生的个人故事，是如何被创造出来的呢？在《成功的魔咒》一书中，你会了解到，很多人渴望亲密关系，为了取悦周围的人而努力追求完美。最终他们会有深深的挫败感，能量耗尽，被人误解；同时又觉得自己有义务要不惜一切代价为他人服务。

这本书可以帮助读者理解并欣赏正在主导着自己人生的内在故事。因为这些故事所带来的各种无形的挑战，使成功的你无法更好地自我关爱，也无暇顾及人生的其他方面。通过来自不同背景的成功者的心酸故事，本书对每一项挑战进行了讨论，他们中有家庭主妇、律师、教师、承包商、模特、教练、医生、媒体从业者、公司高管及职业运动员等。最后，这本书揭示了如何通过四个阶段来改写你的故事，最终走向更为幸福、健康和成功的人生。

生活方式培训师兼教练、PerformanceLifestyle.com 网站的创始人约翰·艾伦·莫伦豪尔，在读过乔拉米卡利博士的《成就上瘾》一书后，发现他自己也生活在“魔咒”之中。他在自我康复过程中的探索及在本书中所撰写的内容，可以帮助我们更好地理解魔咒及其外化的躯体表现，并进一步让我们看到，只有重获内心的自由，才能过上充实而安宁的人生。

这本书将指导读者从过去令人崩溃的内疚紧张中解脱出来，创造平衡、健康、成就斐然的人生。

目录 Contents

绪论

我到底做错了什么？

昨天，我正开着车赴一场约会，路上接到了来访者琳达（Linda）的电话。她在电话里向我哭诉自己遇到了麻烦。琳达今年50岁，是一名小学教师，也是位单亲妈妈。昨天晚上，她儿子鲍比（Bobby）告诉她，自己因为携带可卡因被捕了，需要她的帮助。这个28岁的儿子和两任女朋友都有孩子，却几乎连赡养费都付不起。

在给我打电话之前，琳达觉得自己要崩溃了。近些年，她饱受更年期的折磨，因为自己日渐肥胖而感到沮丧。她觉得自己再也遇不到一个“合适的男人”，相亲的对象连“把两个合乎语法的句子拼在一起都做不到”。她觉得自己再也支撑不下去了。

她的第二份工作是会计，做账占据了她大量的时间，包括工作日的晚上和周末。在自己的原生家庭中，她也承担了很多责任：她一连数月照顾生命垂危的老父亲，给他喂饭，为他擦洗。尽管父亲一直以来都对所有的孩子吹毛求疵，但琳达还是任劳任怨地照顾着他。在父亲弥留之际，她俯在床边告诉他“我爱你”，得到的却是一句忿忿的回答：“我爱家里的每一个人。”她渴望听到父亲说“我爱你”，而不是“我爱每一个人”，但是结果却令她失望。她毕生都在渴望父亲能对她说一句：“我爱你，琳达。”

高中临近毕业时，她发现自己怀孕了。为此，父亲整整4年都对她不理不睬。那时她虽然年幼，却宁愿待在冰冷的地下室里给父亲熨烫衬衫，就是希望他下班回来能为此感到高兴，但是却仍然没有等来父亲的只言片语。当然这是在意料之中的——他那求全责备的性格总是让家里的气氛非常压抑。后来她越发努力，由衷地渴望终将在某天能得到父亲的认可。父亲对她那种冷漠的、袖手旁观的态度，已经深深地印刻在她的灵魂深处。

琳达无法让任何一任伴侣感到满意。前夫在鲍比4岁的时候和她分开，每当需要给儿子支付抚养费的时候，他总是把钱藏在自己的建筑公司，然后声称手上资金不足。

我认识琳达已经好几个月了，她是那种可以在战场上掩护你的人。她非常聪明、迷人，富有活力，但是又有些焦虑，为自己红颜不再感到苦恼。她似乎无法让自己放松下来，总是忙忙碌碌，喜欢帮助别人。然而她的生活缺少爱和幸福感，健康状况也越来越糟。琳达在生活中所取得的成就，其实背后都付出了巨大的代价。在电话里，她问了我一个她也曾问过别人许多次的问题："我是那么努力，我到底做错了什么？"

就在我同琳达通电话的那天，我意识到她向我描述的这个场景是我再熟悉不过的，这种情形在各行各业的人身上都似曾相识：这是"成功的魔咒"。这位能干的女性曾使得成百上千个孩子爱上学习，独自将3个孩子抚养成人，将他们都培养成为大学生。她赢得了同事和朋友们的尊敬和爱戴。

尽管她取得了如此多的成就，却仍然觉得需要不断证明自己的价值。对杰出成就的追逐让她无法感受到幸福，这个魔咒一直在她的生命中盘桓，挥之不去。

成功者往往会孜孜不倦地治愈他人，解决问题，让自己看上去精神焕发，其实他们是在努力地间接疗愈自己。

在过去的30年中，我一直在研究、治疗来自各行各业的来访者，帮助他们摆脱成功的“魔咒”。这些人本都才华横溢、聪明过人，却被这一“魔咒”毁掉了人生。我曾面见并疗愈了数千名来访者，无论是在生活中还是在工作上，他们都受人尊重，但是自己却无法从中获得任何成就感。他们深感自卑，无论怎样努力，都无法用外在的成就来抵消内心的冲突。

我们会庸人自扰

有人喜欢把过度追求成就当作获取爱与尊重的一种手段，对于这样的“魔咒”，我极其熟稔。在成长的过程中，我经常会质疑父母对我的感情。现在长大成人，我才明白，他们是多么爱我，为了我的幸福，他们愿意付出自己的所有。

然而在我的前半生，我却对“他们对我的爱是否恒久”疑虑重重。尽管我的母亲非常富有爱心，但是她却过分看重外表、形象及与亲戚和邻居之间的关系；另一方面，我的父亲对竞争力十分重视，不容许我表现平庸。他经常告诫我要“在这个世界上搞出点名堂来”。

彼时，我并未意识到他们在帮我成长为一个更优秀的人。小时候，外表和成绩似乎是维系他们对我的爱的法宝。随着时间的流逝，我开始了解我的想法和恐惧有多么荒唐。成年之后，在很多时候，他们都不断向我证明，对我的爱其实从未改变。在日渐成熟之后，我才能理解母亲对我的深爱，只要我一切安好，她就心满意足。而更长时间之后，我才能感受到父亲对我无条件的爱。母亲去世以后，父亲开始变得脆弱，他身上柔软的一面逐渐开始显现。

我的这个故事是歪曲了事实的。我之前认为爱是建立在一个人对于另一个人的价值之上的。我信奉这样一个错误的信念：只要我为他人服务，能赢得他人的认可，我就是值得被爱的。我很难相信有人会因为我是谁而爱我，而不是因为我做了什么。

到了今天，我可以说我的父母爱我，仅仅是因为我是他们的儿子。然而，在我改写早期的人生故事之前，我一直认为别人之所以爱我，纯粹是因为我对他们来说可能具有实用价值。

如果我们成年之后不去对童年时期形成的那些信念进行重新审视和纠正，那么终其一生都会受其困扰。我们需要重新编辑最早的那个故事脚本。只有通过他人最真实的反馈，我们才能找寻到最本真的自己。

在你通读完本书之后，就会明白我为何会如此重视群体的反馈。我们要从周围那些客观和理性的人那里获得他们对我们的一致观感，只局限于一部分人的反馈是非常危险的。在书中，我将向你讲述几个案例，他们都是通过与他人真诚热烈地互动，摆脱了成功的“魔咒”这一桎梏。琳达最近加入了我的一个团体训练课程，我相信由此她可以获得她一直求之不得的心灵自由。

这本书写给那些在某一方面获得成功的人。他们往往勇于前行，精明强干，但常常会掩饰自己的困难，并且缺乏有效处理困难的时间、空间、精力或者工具。他们越是往前走，被掩盖的困难就会愈加严重。而那些被深埋的痛苦会驱使他们更加渴望获得成功。最终，由于努力的动机是错误的，他们会发现自己虽取得了成功，却失去了健康。

在我的临床实践中，我发现几乎每位“能干”的来访者都有这样一个特点：失去平衡和缺乏幸福感会对他们的精力、健康和体态产生多米诺骨牌效应。尽管取得了一些成绩，但是他们并没有成就感，因为“魔咒”会驱使他们过度地消耗自己的精力，这会带来很多负面的后果。

必须要强调的是，尽管我的很多来访者都对金钱和物质财富孜孜以求（尤其是男性来访者），这却并非富人所独有的现象。我在临床中遇到过无数个案例，饱受“魔咒”困扰之人遍及各行各业：从首席执行官到专业运动员，从学校教师到家庭主妇，他们背后都可以看到你即将了解的无形挑战。其实在我们西方的文化中，很难有人独善其身，逃脱这个魔咒。

他们清楚自己要好好照顾自己，也清楚自己应该做些什么。然而出于某些原因，他们似乎无法通过一种平衡的、健康的方式来达成目标。在朝着目标努力的过程中，这些聪明人对那些所谓的解决办法深信不疑，比如严苛的饮食或者过度结构化的健身计划。这些不仅对解决问题没有帮助，反而会或多或少地加剧原有的问题。照着这一趋势进行下去，他们短期可能会有所收获，但是因为他们并未触及问题的实质，只是在行为层面进行改变，因而只是徒劳无功，原地打转罢了。

这是一个先有鸡还是先有蛋的难题。他们想要让自己的生活变得更好，但是却无能为力。先抛开缺少实际操作方法的问题，他们总是被驱使着勇往直前，根本无法停止追逐的脚步。原因何在？简而言之，积极思考、保持充足睡眠、健康饮食、每天锻炼并不是解决问题之道，这并没有触及他们的情绪困扰，或者说导致情绪困扰的原因。在背后驱动着他们的挑战是隐秘的。想要识别它们并非易事，并且如果你不知道该如何应对的话，更加不可能一劳永逸地让它们消失。在某种意义上，如果你无法直指问题的本质，那就会一直被“魔咒”所困扰，对吧？

对于那些才能卓越、永不停步的人来说，这会让他们感到焦虑，尤其是在他们对自己所取得的成就感到不满足的时候。有些自相矛盾的是，单单靠成就并不能解决他们所面临的问题。

消除“魔咒”所带来的这些症状好像并不太困难，但是真正的挑战在于，要想根本解决问题，就需要付出大量的时间和精力。如果你可以吸纳书中所阐述的观点，并从我自己和我来访者的生活经历中汲取经验。我相信你将找到解决目前困扰你的问题的办法，对于这一问题，我杜撰了一个新名词——成功的魔咒。

摆脱过去的束缚，轻松上阵

“魔咒”通常源自我们的过去，那些尚未解决的内心困扰会让我们不停地胡思乱想，但是我们不能清晰地理解这些困扰。很多人通过心理治疗、阅读、研讨会等方式来寻求专业的心理帮助，但是他们并不了解事情的来龙去脉，也无法制订具体的行动计划。因为缺少这种了解，他们就会不停地想要解决过去遗留下来的困扰，最后却又白白耗费了心力，没有比这更让人痛苦的了。他们对自己所面临的困扰一无所知又不知所措，在绝望之中尝试一切可能的方法。最终他们会选择放弃，不想再试图解决问题，对任何建议都不屑一顾。

我不主张无谓地沉迷于过去，因为大多数人已经证实，这样是找不到解决办法的。但是我确信你的情绪会告诉你在哪个地方，你的过去正影响着你的当下。那就是你需要花费精力去改善的地方，这本书也会为你在这方面提供帮助。我希望你在回答完每章后面所附的问题，读完我的来访者是如何解决这一困境的案例之后，会找到全新的视角和方向，走向更自由的人生。

在今天这个飞速发展的时代，像我所阐述的那样处理内心困扰，是改善我们生活方式的一部分。你的生活方式包括你如何思考、感受和生活。尤其对于小有成就的人来说，将过去那些直到今天都在影响你的思考和生活方式的记忆归零，就好像是在清扫自己的房间。这样可以直指导致错误思维和感知的核心，从而改善你的情绪。

无论你的问题严重与否，重要的是要找到生命中那些能给予你温暖的人。他们会与你共情，懂得你的痛苦，帮你认识新鲜事物，丰富你的生命。你要用一种崭新的、更为精准的观点来认识自己，以此改写自己的生命故事。你会获得心灵的自由，反之，一味躲避则会让你的生命陷入泥淖。尽管承认自己的脆弱会让你感到痛苦，但由此你可以挣脱“魔咒”，重获自由！

包含了“魔咒”的隐秘挑战几乎是无处不在的，即使对于心理非常强大的人也是如此。这些挑战包括期望、控制、亲密关系和恐惧等议题，是每个人都需要不断学习的。

因为个人早期经验有所不同，对这些人生考验的应对可能是一段积极的学习经历，也可能是一场梦魇。如果你的自我缺乏韧性，你的认知不够灵活，那么你的日常生活中会充斥着太多的情绪性问题。在这个过程中，你可能会感到很痛苦。

归根结底，如果没有从生命中的重要他人那里得到足够的共情，你就无法得知该如何行事才能获得爱和尊重。随着年岁渐长，如果一直得不到你想要的那种情感共鸣的话，那么你就会很自然地得出一个结论：我不够好。而即便你试图用所取得的成就来掩盖这一问题，也无济于事，挫败感仍然没有消失。这样做反而会导致成就上瘾，即过度在意外表和地位以及随之而来的所有结果。

你的故事驱使着你，因此你无法更好地驾驭自己的精力，你会开始对成就上瘾。强烈的情绪和极度的疲劳会让你去做过于刺激的事，比如超长时间工作（过度进取）、酗酒、不当饮食等，也会让你缺乏锻炼，导致超重和其他一系列健康并发症，身体状态每况愈下。这种身体状态会限制你的各种活动，而缺乏平衡和幸福感会大幅降低你的生命质量。但事情原本不必如此。从合适的人那里获取客观的反馈，你的故事就将被改写，你就可以改善你的生活方式。

我将本书内容划分为四个阶段，你将因此看到“魔咒”的各个部分是如何环环相扣的，以及如何更好地解决生活方式层面的挑战。

第一阶段描述了我们的内心故事是我们根据一些令人印象深刻但并不准确的信息创造出来的，并解释了为什么它对我们没有帮助；

第二阶段讲述了我们的内心故事带来的后果、成就上瘾及虚构故事造成的情感冲击；

第三阶段阐述了成年期的六种情感考验（期望、遗憾与未实现的梦想、控制、恐惧、亲密关系和群体），成就上瘾会让这六种考验变得更加严峻，而这些考验也会对我们的认知方式产生影响；

第四阶段分析了成就上瘾会导致哪些扭曲的认知，如果我们想要让新的生活方式持续产生效果的话，就必须留意这些关键的概念。

在获得对自身的崭新看法之后，你终将解除“成功的魔咒”。从合适的人身上得到的客观反馈可以帮助你改写自己的故事。当你可以自信地应对生命中的挑战时，更有韧性的自我将由此产生。在保持身心健康的同时，你将能够自由地发展和成长。

一旦你认为自己具备了保持平衡和健康的能力，你的心理韧性将大大增强，而这是获得真正的成功所不可或缺的。我希望你能从这本书中真正受益，这可以解释你为何会对它一见钟情。踏上这个旅程之后，我们终将获得更为强韧的自我！

让我们从揭示你的故事开始吧。我们将分析那些影响你当下行为的认知方式，而这是迈向深植于自信的力量感的肇始。自我认知（self-awareness）是开启这项工作的第一步！

1

第一阶段——揭示你的故事

自己在内心撰写的、虚构的故事。

我们的人生故事包含了过去和现在，以及对未来的展望。坦白来说，我们内心所有的感受以及外在对他人的所有表达，这一切构成了我们的自我认同（self-identity）。

我们用来描述自身的那些故事，尤其是那些内心的感受，决定了我们的人生体验。至于我们向朋友、家人或者同事讲述的是积极的抑或是消极的故事，如果与我们内心的感受并不一致，那就无关紧要。

对很多积极进取的成功者来说，这些故事可以掩饰他们真实的内心感受。他们关于自己人生的内心故事反映了那些强化消极情绪的信念和期望，无法为其人生提供滋养，并让他们经历了不太愉悦的人生体验。他们会试图让自己变得更加高效，并追求非凡的成就，以此来掩盖自己所面临的困难。

在这一阶段，我们将探索与事实不符、缺乏建设性或消极的故事模式缘何而来。你会看到这些失之偏颇的故事会带来怎样的影响，以及怎样才能逃脱一直深陷其中的谎言陷阱，并重获自由。你终将会解开“我是谁”这个谜团，这对改变自身的生命体验和生活方式来说至关重要。

第一章

以偏见写就——虚构的故事

我们思想的本质，以及对自身的感受决定了自己的人生。

在我们的生命之初，灵魂本来是一只自由飞翔的鸟——轻盈、活泼、欢快又无忧无虑。但是我们中的很多人无可避免地受生活琐碎所累，灵魂日益变得沉重。我们背负了很多责任，扮演着各种角色，置身于各种压力和忧虑之中，受制于种种经历和环境。及至我们长大成人，我们的肉身变得如此沉重，让我们无法看到自己其实拥有寻找幸福和圆满的能力。一旦心灵的宁静不复存在，我们就忘记了自由的滋味；我们背负着重任，亦步亦趋地艰难前行。

亨利·戴维·梭罗（Henry David Thoreau）曾写道："大多数人都过着平静而绝望的生活，他们心中的歌和他们一起埋入坟墓。"对此我深表赞同，在我的个人生活和职业生涯中，我都深受这句话的影响。

绝望（无论平静或者动荡）在心理上与自由是相对立的。它源自早期的生命体验，这些体验通过内疚和羞耻束缚了我们的情感、需求和欲望，从而产生紧张和焦虑。这一切都抑制了我们与他人建立真实联结的能力，并让我们在人生各个方面走向恶性循环。

这些体验妨碍了我们的发展，成为我们与他人及自身建立健康关系的桎梏。糟糕的状况周而复始，每况愈下，直至最终我们改写自己的故事，或者我们的意志消磨殆尽。

你的故事可以为你的人生提供滋养吗？

我们每个人都在内心写下了一个属于自己的人生故事，它界定了我们的人生体验，以及我们究竟是谁。但故事毕竟只是故事，它并不一定符合事实。

对于有些人来说，这部自传与事实更为接近，也具有积极的意义，是基于同他人的真实互动产生的。从中，他们学到了如何用建设性的方式对各种事件进行解读。即便某个特殊事件并非那么积极正面，相反似乎有些消极悲观（正如人生不如意事十之八九），他们的内心故事依然可以提供滋养和支持，他们只会将这个事件视作人生的一次遭遇，而不会归咎于自身。由此，人们思考问题和与他人联结的能力得以提高到新的水平。换言之，不幸的事情时有发生，但这与我们是谁，以及我们自身的价值无关。

对另一些人来说，情形则恰好相反，这些糟糕的生命体验被负面解读，这极大影响了他们思考问题和与他人联结的能力。因为他们缺乏支持系统，周围没有人可以给予其情感慰藉，无人帮助他们在情境因素和个人因素之间进行甄别，也就无怪乎他们编写了一个失之偏颇的故事。这样的故事无法支持他们走向平衡、健康、成就斐然的人生。

要书写出积极的、产生正强化的故事，这要求我们人生早期的重要他人能持续不断地给予我们共情（empathy）——共情是指能够理解他人的独特体验，并给予回应。在多次的共情性互动之后，我们的自我才能够理解他人。然而，如果我们未曾与他人产生过这种联结，我们的故事就会幻变为虚构的小说——我们用这样的故事来应对那些困境。

支持性故事的关键因素

本书的一个核心主题是：与他人建立真实的关系是极其重要的。而这个观点背后的原因也很简单：与他人关系中的共情性体验是我们成长的源泉，也是自我理解的钥匙。共情是让我们能够理解他人，避开各种关系雷区的一种非常重要的能力。如果感受过别人的共情，我们就能够构建对自己的真实看法，这是发展具有韧性的自我的关键部分。

如果我们在生命中始终不曾感受过别人的共情，无法与他人（和我们自己）建立起真实的关系，那么我们很有可能会发展出脆弱的自我。这会让我们面临情绪困扰，因为我们无法在与他人的关系中发展出拥有足够强大的、可以有效应对的情绪调适能力（emotional fitness）。作为补偿，我们就会在内心杜撰出一个故事来掩饰，让别人以为自己很强大（实则不然），这就会导致下面一章将会讨论的文化成瘾问题。

这个虚构故事中的每一个章节，都会让我们越来越偏离生命的真相，为缺乏自信、消极的自我形象和错误的思维方式埋下种子，最终导致我们的生命状态无可避免地每况愈下。如果这些变化所带来的负面后果不断累积，慢慢积重难返，我们的生命状态就会每况愈下——正如一架飞机不断地盘旋下降。不堪重负的生活使人筋疲力尽，这种疲累往往会导致超重和各种健康问题。在不同情况下，人们会产生情绪问题，并外化为躯体症状。

本章的核心思想是：你内心的故事和你的思维方式，它们决定着你的生活方式。虚假或无法给予滋养的故事对你并无裨益，因为不确定的部分——特别是那些悬而未决的情绪体验会一直困扰着你，驱使着你。为了应对这些情绪体验，你又会在你的故事里增加更多的章节，而这又强化了你的生活方式。

“故事”之所以会有如此大的能量，是因为它包含了全部的自我认同——你的欲望和需要，以及情感上的痛苦和创伤等。甚至你的价值观、信仰、处世规则以及你的自我认知，都深深地隐藏在你的故事中。

在“虚构的故事”中，你人格中这些别具特色的部分并没有得到恰如其分的体现。它们被扭曲、夸张、弱化、压抑，甚至在某些情况下遭到彻底否认。这一切都会成为你的阴影。当我们愈发需要掩饰时，这种内心的混乱就会成为滋生成就上瘾的温床。

内心故事决定了你思考和生活的方式

改写你的内心故事，就能改变你的想法、感受和生活方式。如果你能以实事求是、积极的心态来解释各种体验，那么在每时每刻，改变都会悄然发生，带给我们令人振奋的、迥然不同的结果。

想要发现自己的故事，你可以注意倾听自己如何讲述生活的种种：关于你自己、他人、生活中的种种场景、事件、你的家庭、过去的经历和你的健康等。这些都是你内心故事的一部分。这些讲述会揭示你的价值观和信念、你的生活准则、过去的情感痛苦和创伤、你的需求和欲望。更重要的是，你会开始注意到你对自己的人生定位是什么，以及那些固化的认知观念是如何决定你的体验的。换句话说，你的内心故事会对你想要远离或者迈进的那个定位进行强化。

我的一位来访者是退役专业运动员，他用了一个与运动有关的简单比喻，形象地描述了他将内心虚构的故事转化成一个真实故事的过程。他说，这同教练们组织足球队备赛的情形非常类似。教练会预先根据以何种策略赢得比赛的设想（虚拟的）创造一个故事。在半场休息时，他们会基于比赛的实际情形（真实的）重新改写这个故事，并对比赛方案进行调整。我的来访者将这一过程比作上半场思维和下半场思维的博弈。

本书的目的就是帮助你摒弃内心虚构的故事，以一个更接近真相、更愉悦的视角看待自己。我的目标是帮你建立更为平和的心态，这样你就能真正过上平衡、健康、成就斐然的生活。

你的故事决定了你将如何自我关爱

成功者往往不能很好地自我关爱，其根本原因还是基于“我们是谁”和“我们如何”的故事。成就带给我们一种控制感和个人力量，也似乎代表着我们都想要的爱和尊重，但这样我们就没有足够的时间和空间来自我关爱。在现代繁忙快速的生活节奏下，如果总是被驱使着表现优异，我们就会疲于应对。

成功者尤其不希望被人视为软弱。尽管如此，让自己的故事相对平衡、健康和真实，可以大大增强他们的个人能力，他们会不断将这个故事加以完善，并与他人分享。

当今的生活节奏是一种文化力量，它极大地影响着我们的内心故事，以及我们是否能（以及如何）自我关爱。你有没有注意到，哪怕已经精疲力竭，自己仍然还想继续向前？内心故事的哪一方面在驱使着你坚持到底，而这显然让你觉得不堪重负？你需要做出何种改变？

有意思的是，当一个人既承认自身存在弱点，又对自己保持信心的时候，内心才会产生真正的力量。当我们同时具备这两种特质时，就会变得很有吸引力，并且非常真实。世间并无完人（或接近完美的人），人人皆有必须得到合理满足的种种欲求，否则我们的人生就会陷入恶性循环。这就要求我们承认自己的需求，袒露自己的弱点。这是人尽皆知的基本真理。

然而，那些在无法提供支持的故事的驱使下掩盖了自身弱点的人，会永不休止地逼迫自己努力，直到被迫停下来。他们的故事强化了这种存在方式，而这源于脆弱的自我意识。

你并不孤单

许多人都会有一些心理困扰，这是因为他们缺乏来自生命中重要他人的共情性反应，并且有一个事实无可回避，那就是他们无法总是能够获得自己所需要的情感支持（许多人直到今天仍然缺乏这种支持）。因此，他们无法对自己的身份和实际能力有一个真实的认识。

男性尤其如此（他们通常不表露自己的情感，或者更确切地说，他们的故事中那些情绪化的方面——更真实的故事），他们缺乏真实的表达，因此他们内心虚构的故事往往带有很大的偏见。

通常情况下，女性与他人之间存在更多的情感交流和共情，因此能够体验到更为真实的表达。我们对女性的看法和文化给予了她们这种许可，尽管女性并没有摆脱构成魔咒的那些无形挑战。

由于我们的文化认为，女性必须首先要顾及别人的感受并取悦他人，她们往往会给自己包裹一层伪装。植根于我们文化中的这种性别刻板印象给女性带来了很多痛苦、内疚和压力，你会在书中一些来访者的故事里看到这些。

每个精彩的故事都是有价值的。添油加醋是人之常情，也为我们的生活和交际平添了情趣。但是，我们必须权衡一下利弊得失，毕竟坚持一个缺乏现实依据的故事，对我们自己或者身边的人都毫无益处。

你的故事反映了是什么在驱使着你

即使你是一位知名人士，很可能也没有哪本书写的是关于你的故事。我指的不是关于你的成就，而是你真正的本性。记住，我们过去的经历全都是故事的一部分，而我们的故事代表了前文中所罗列的我们的诸多方面（甚至更多）。问题在于，你向自己和其他人讲述的到底是虚构的故事还是自传。你想以一种怎样的方式看待自己呢？话语权就掌握在你自己手中。

在讲述中，你可以随心所欲、畅所欲言。但最好是真实的传记，而不是虚构的小说。最好是这种讲述可以帮助你尽可能平衡健康地生活，这有助于实现你的梦想。如果在与他人的真实关系中，我们不去表达自己的需求和愿望，就会习惯于用取悦和讨好他人来弥补我们所缺失的部分。掩饰自己的情绪会让我们变得高度敏感，我们隐藏了自己的需求，但它不会就此消失不见。它会进一步驱使我们为了自己没有得到的爱和尊重继续努力拼搏，取得非凡的成就。最终，你所创造的故事将决定并塑造你的个性。

虚构的故事会产生消极的体验。如果你自卑或者自我形象不佳，不妨想象一下这将如何影响你的生活方式——在实现目标的过程中，你是如何思考和生活的。如果内心的故事告诉你，只有成为最优秀、最富有、最美丽和最健康的人，才能获得自己所渴望的爱和尊重，那么你的生活方式可能会失衡，或许会执着于某一个领域，而在其他方面付出巨大的代价。

很有可能，你所取得的成就会高于或者低于你的实际能力，这取决于你以何种方式寻求爱和尊重。低成就者经常通过获得他人的同情来寻求爱和尊重；而高成就者则通过他人对于其成就所产生的敬佩之情，但这两种方式都无法使我们得到真正的满足。在我们的文化中，成功总是受人追捧，所以我们选择成为高成就者也就不足为奇了。它已经成为我们文化的故事，也反映了社会层面的掩饰。这也是为什么成就上瘾如此随处可见。

你的故事反映了是什么在驱使着你。因此，如果你有未被满足的需求、愿望、隐藏的情绪和悬而未决的问题，只需要看看自己的故事，就能发现你为什么会这样思考和生活。

自我认知的深层视角——我们的故事从何而来

我们在生命中的情绪体验是一面棱镜，透过它，我们记忆过往、经历当下，并预测未来。如果这棱镜被扭曲了，我们就失去了准确观察自身生活的能力。例如，对于一个无法解决遗憾问题的人来说，如果他认为未来可能会有更多的遗憾，就更有可能对未来感到悲观，无法抓住获得成功的机会。而过高的自我期待容易让我们成为工作狂，进而危及我们与配偶、孩子或朋友之间的关系。

在我们的成长过程中，我们把目光投向自己生命中的镜子：我们的父母（他们是最重要的镜子）、兄弟姐妹、老师、教练和大家庭。在每一次经历中，我们都会对自己有所思考。我们最终会慢慢根据这些重要他人对我们的看法，一章接一章地编写出自己的故事。

如果父母的情感需求没有得到满足，很可能我们自身的情感需求也无法得到满足，尤其是在童年早期。实际上，我们会习惯于以片面的方式（在很大程度上是透过他人的眼睛）来了解和看待自己。

借助他人这面或模糊或清晰的镜子，我们对自己形成了根深蒂固的看法。这就是为什么富有魅力者认为自己太胖、缺乏魅力，博闻强识者觉得自己不够聪明，运动健将认为自己缺乏运动天赋，类似的例子还有很多。

在成长过程中，我们并没有意识到，我们的个人故事部分是虚构的。我们对自身的看法，其实是源自我们吸取到的周围人对我们的偏见。想成为运动明星的父亲对儿子投球的尝试过于挑剔；想成为时尚名媛的母亲忍不住一遍又一遍批评她年轻女儿的穿着。我们虚构故事的首章标题就是"我还不够"，这导致我们会试图要"变得更好"，而这也常常是为何要努力取得成就背后的驱动力。

在这个崇尚成就的时代，人们对业绩的关注无处不在。如果我们的自我很脆弱，对业绩和成就的追求就会成瘾，这是一种掩盖和徒劳的尝试，我们无法从中获得自己所渴望的完整感。

在某种程度上，一切都是预先设定的

刚刚出生时，我们并没有自我。随着人生体验的开启，我们慢慢开始认识自己。我们对自己的看法是通过镜映（mirroring）形成的。如果令父母感到羞愧的体验仍然束缚着他们的需求、情感和愿望，他们与我们的关系就会受到影响。

从根本上说，这种内疚和压力是预先设定的，并且会传递给下一代（大多数时候是无意识的，并且没有恶意）。尽管他们很可能倾尽全力想要做到对我们最好，或者把最好的给予我们，但我们面对的仍然是一面破裂的镜子，我们也对自己形成了扭曲的看法。

如果那面镜子是相对完好的，基于人际间共情性交流和更为健康的早期关系，那么我们会更加准确和清晰地看待自己；但我们中很少有人能有这样的幸运。我们的父母也有自己的父母，而我们祖父母辈的经历和体验，很可能也会传递到我们身上。

在生命之初，我们无法看见自己，而等到我们能够形成对自身看法的时候，却又会带有偏见，无法客观地看待自己。最近我的一位来访者迈克尔（Michael）在咨询时心情很沮丧。他在第四节飞行课上对自己非常失望。“我把起飞搞砸了。我不能像教练教的那样操纵飞机。真是太丢人了。我反应太慢，手忙脚乱。”

现在你可能会问：“这有什么问题吗？他毕竟是刚开始学习一门新技能啊！”然而，如果你也正在遭受魔咒的困扰，你就能清楚地知道他正在经历什么。顺便说一下，他毕业于常春藤名校，是一家优秀公司的CEO，还是前全美大学篮球代表队运动员。他和第一任妻子有2个孩子，最近又再婚了，住在马萨诸塞州一个富裕的小镇上。他还在美国非常热门的度假地拥有另外2处房产。他每天锻炼（有时一天锻炼2次），在好几项运动中都能和他的同龄人一较高下。

尽管外表光鲜亮丽、风度翩翩，但是受其过去引导的内心声音却让他置身牢笼之中。不管取得了什么样的成就，他总是生活在焦虑和痛苦之中。内在的痛苦不能、也不会通过外在的方法得以治愈。

迈克尔来自这样一个家庭，父母喜欢在早上喝咖啡、抽烟，再加一杯百威啤酒。他是6个孩子中最年长的那一个，几乎所有的孩子都是在没有父母照看的情况下长大的。他的父亲是一名授勋的海军陆战队员，母亲是一名当地政客的女儿，他们非常关心孩子在社会上的形象，但绝不会亲力亲为去提供帮助。他们对迈克尔在篮球场上的表现横加指责，却很少赞扬他，这总会让他觉得自己似乎让父母失望了。

如果迈克尔表现出色，他就会得到赞许。而一旦他的表现不够出色，他就会从父母的脸上看到失望。他的自我依赖于父母和生命中其他重要他人的观点和感受。他变成了受外力驱动的人，对内在方向一无所知。

迈克尔取得的各种成功会让他精神振奋，但过不了多久，他的情绪又会变得低落。因此有一天，在上第四节飞行课时，他的内心充满了自责和尴尬。他的教练可能会对他如此认真地对待自己的学习表现感到惊讶，但如果你也正在应对来自魔咒的潜在挑战，你就能对迈克尔的体验感同身受。

你了解按照一套只能让你得过且过的标准生活是什么感觉。你几乎每天都生活在绝望中，并且知道自己可能已经对如何治愈这种痛苦失去了信心。

让我们变得真实

学会了解你的故事，更深层次地认识自己，并且看到它对你当前的思想和生活产生的影响并非易事，特别是你的故事已经在心中根深蒂固。不管它们是否属实，我们都对这些故事信以为真。我们常常没有意识到的是，它们以何种方式影响着我们，如何把我们逼至极限。我们的故事驱使着我们，而我们还以为这是自己的性格使然。

人生中最大的挑战之一就是重新改写虚构的故事，以一个崭新的、准确的视角来看待自己，最终形成一种更具韧性的品格。如果能得到正确的帮助和指点，改变是有可能发生的。

最近有一位新来访者问我："真有可能吗？我真能改变吗？我不相信会发生这种事，我从小就一直这样告诉自己。坐在椅子上跟你说话就能实现，这怎么可能呢？"

我是这样回答的。

改变不会自然而然地发生。如果你有勇气在自己和他人的帮助下更为准确地看待自己，改变才会发生。我们都知道你的履历很不错。但由于某些未知的原因，尽管你小有成就，却仍在人生的大部分时间里都觉得自己"不够好"。你必须要相信，随着时间的推移，我和你加入的团体会给你一个对于自己的共识，这将部分取代你很久以前写下的故事。如果你有勇气参与这个过程，我几乎可以保证你能做出改变。

为什么我会如此乐观？因为我能从你的眼睛里看到你是多么想摆脱消极情绪，那是你内心声音的一部分。如果你能学会信任我和其他团体成员，你慢慢就会开始听到并接受另外一种对自己的看法，这可能与你多年来对自己所讲述的故事完全不同。也许不会充满溢美之词，但我可以向你保证，这将是基于你的真实自我的纪实故事。

起身告辞时，我的新来访者似乎非常激动。他紧紧握着我的手说："谢谢你对我的信任。我这辈子还没被人如此对待过。"在那一刻，我能感觉到他的内心被激活了，产生了一线希望，开始相信之前他认为不可能的事情其实是可能的。他以为是我给了他信心，但其实我只是告诉他客观事实罢了。

我花了许多年时间，试图去辨别和找寻一种方法来让人们对自己和他人持有更准确的看法。你所书写的关于自己的故事将会对你的生活产生巨大的影响，它是通向人生幸福和富足的关键。

我不是第一个提出“故事”这个概念的人，但我指出了有偏见的、虚构的故事和真实的、快乐的纪实故事之间的区别，这一点是创新性的。发现你的真实故事，才能让你的生活不再平静而绝望，得到自由与解脱。

我发现，要更准确地认识自己，最有效的核心方法是借助团体的力量，本书中对此也有多次详细描述。团体共识的力量是不可否认的，尤其是当你身处于一个投入专注的团体之中，所有成员都在寻求平衡和关于自己的真相的时候。

我手写我心——书写感恩日志并寻找意义

近年来的几项研究已经证实，书写个人成长日志对身心健康都是有益的。通过写下经历，遭受创伤者可以改善自己的健康和心态。书写已经被证明是一种有效的疗愈手段，因为它可以释放情绪，更好地剖析自己。

几年前，南卫理公会大学（Southern Methodist University）的心理学教授詹姆斯·彭尼贝克（James Pennebacker）证明，通过自我倾诉和情绪释放，日志书写可以提升免疫功能和肝酶功能，并改善整体健康状况。彭尼贝克博士鼓励研究的参与者在自身的叙事故事中寻找意义。从本质上说，他指导参与者们在困难中寻找意义，而不是被动地接受客观情境所产生的持久负面影响。

在这方面，最有趣的是心理学家和感恩领域研究者罗伯特·埃蒙斯（Robert Emmons）的研究。在他的书《感恩：成功花朵的快乐种子》（*Thanks: How the New Science of Gratitude Can Make You Happier*）中，他引用了他和同事对每日感恩日志的效果所做的研究。与那些只记录生活中各种烦恼的人相比，每周写感恩日志的人会更有规律地进行体育锻炼，心态也更加乐观，更少出现不良躯体症状。

在进一步的研究中，他发现与那些在日志中专注于记录压力和自己胜人之处的一组参与者相比，写感恩日志的参与者更为机敏、果敢、活跃和热情。有一项意外发现是，感恩日志会让人们感觉与他人的联结更加紧密。他们更容易对周围的人表现出共情，同时扩大自己的交际圈，发展彼此都满意的互惠关系。

从本质上说，在书写日志的过程中心怀感恩之情，在我们的故事中寻找意义，这既富有成效，又能疗愈创伤。请根据我在每一章末尾提出的问题记录日志，这样需要进一步探索的问题就会出现在你的脑海中。

记住上面提到的研究，试着从你的答案中寻找意义，同时对自己得以参与这个宝贵的历程心怀感恩。我想这次练习会对你有所帮助。如果你愿意的话，你可以选择在我们的博客和论坛上分享你的反馈。

日志问题

你可以在下面这个网址免费下载日志：www.TheCurseoftheCapable.com/ChangeYourStory。这样你就可以轻松地追踪你对整本书中所有问题的回答。

以下是需要回答的第一组问题。这些问题的目的在于帮助你探索自己的故事，并开始重写你的传记。我鼓励你在每个问题后的空白处写下你的答案，然后按照问题之后的步骤进行实践。

• 当你想到自己的故事时，脑海中首先出现的想法是什么？

• 对你的内心故事影响最大的人有哪些？

• 这些人都对你有准确的认知吗？请做出解释。

• 他 / 她有哪些观念上的局限？

• 你记得童年里印象最深刻的伤害是什么吗？

• 这些童年创伤是如何影响你的内心故事的？

• 在你目前从可靠的来源那里收到的反馈中，你是否总有一些无法整合到对自己的看法中？

• 你认为你对自己的故事如此执著的原因是什么？

• 在对和你个性有关的新信息进行整合时，什么会成为你的障碍？

• 你是否意识到维持老朋友的一个方法就是继续接受他们对你的看法？如何改变这种模式呢？

• 如果你改变虚构的故事，会给这些关系带来什么样的风险？

进行实践

1. 询问一个非常亲密的朋友，他 / 她认为你内心故事的哪一方面是失真的。

2. 在这个星期，按照可以改变你的失真观点的方式来行动。例如，如果你在某次员工会议上对于是否提问犹豫不决，因为你的故事告诉你自己不够聪明，那就试着在自我怀疑出现的那一刻进行提问或发表意见。无论你的朋友质疑了内心故事的哪个方面，都要对此采取行动。

2

第二阶段——发现内心故事带来的后果

由此产生的综合征——成就上瘾（简称 PA）可能会毁掉你的生活。如果你带着偏见去书写你的内心故事而又不做出改变的话，就会产生上述后果。

发现你的故事所引发的行为是获得自由的第二个阶段。当你能看到自己的内心故事和行为之间的联系，你就能做出改变。

了解成就上瘾的影响将帮助你意识到，它是如何导致负面情绪和精力的过度消耗的。魔咒最明显的特点是精力耗竭，这也是成就上瘾带来的一个显著后果。一旦成就上瘾的问题得以解决，你就会变得精力充沛，并且你的头脑和内心都会了解什么才能真正带来爱和尊重。

第二章

如何为了正当的理由而努力——成就上瘾

成千上万才能出众的成功者都面临着成就上瘾的问题，他们相信只有不断完善自己的外在并获得地位，才能赢得爱、尊重和幸福。这种信念源自关于过去的无法给予内心支持的故事。鉴于当今不断取得成就的行为日益得到强化，成就上瘾已成为“魔咒”最典型的特征。这是一种非理性、不符合事实的信念体系，由早期体验所塑造，被文化期望所强化。这种信念体系经常获得奖励，通常会导致过度努力和对成就的过度追求。

成就上瘾者沉迷于各种能给他们带来成就的活动，就像酗酒者沉溺于酒精，赌徒会被吸引到赌桌旁一样。如果成就上瘾者没有一直忙于实现某种目标，他们就会觉得自己毫无价值。当出色的表现不能给他们带来幸福感时，他们就会认为自己必须表现得更好。在这种努力失败以后，他们决定变得更努力、更快速和更专注，最终他们相信自己必须做出更多牺牲。

成就上瘾者信奉完美，他们认为可以经由完美走向幸福。因此，他们最终可能会为了错误的理由实现自己的目标，这通常会使他们的生活严重偏离正轨，并由此带来情绪问题和躯体表现，因为这都需要消耗大量的精力。由于一直在消耗，却没有喘息的机会，他们的精力会不断下降——要承认这一点和做出改变同样具有挑战性。

他们无法抗拒想要取得成功（尤其是在他们并不真正热爱的事情上）的情感冲动，因此筋疲力尽，疲惫不堪。

恶性循环

不管其潜在原因为何，成就上瘾都要求你每天激励自己坚持下去。通常会使用的方法是吃更多的食物，加强刺激，以及参与更多的活动。即使“刺激物”是运动，身体也会因为没有恢复的时间而变得更加疲惫。你会总是筋疲力尽，并且毫无成就感（成就上瘾者往往很难体验到，因为他们总会继续做下一件事），这真是令人沮丧。

恶性循环仍在继续：成就上瘾的心理模式导致了精力耗竭，并表现出躯体症状。上瘾者却几乎不会后退一步去改变这种模式，他们执意要让自己的身体更加强健，生活更加美满，事业更加成功。他们会寻求更迅速、更有效的解决方案，比如通过健身课程、饮食和药物来解决诸如疲劳和体重增加等健康问题。

但解决问题的唯一方式就是后退一步，改变你的生活方式，从而从根本上改变你实现目标的方式。由于这种模式的症状受到了集体抑制，越来越焦虑的成就上瘾者所组成的新群体日益庞大，他们似乎没有多少时间、精力和空间来自我关爱。这也是我们文化的一个特质。

我在出版之前与别人分享了这本书的标题，我的话音刚落，就听到有人说“不管怎样，我已经理解了”或者“我知道你在说什么”。

如果只处理症状，却回避问题的根源，这种治标不治本的方法是行不通的。健康统计数据就是一个很好的证据：肥胖率正以每年增加6% 的速度攀升。

我们决不能用自上而下或由外而内的“快速解决方案”来解决生活方式的问题，因为这些问题需要自下而上或者由内而外的方法。似乎在短期内“快速解决方案”可以奏效，但问题的症结仍然存在，最终被掩盖的复杂问题所带来的痛苦往往会超过其短期收益。

这种恶性循环让人们痛苦不堪，让人们认为自己的事业会失败，却无法看到它所带来的隐藏的心理挑战和躯体症状。你知道你需要做出改变，但就像所有成瘾行为一样，第二天你又会为此进行合理辩护，并且你的精力也已恢复。你会重新使用自己所知道的唯一奏效的方法，至少你知道它们起码暂时是有效的。

我们都知道，在我们的社会中，如果你光鲜亮丽，拥有良好的教育背景和足够的财富（尽管生活方式并不健康），你就会成为一个理想化的形象。但如果这一切是建立在成就上瘾和糟糕的生活方式之上的，那么魔咒的破坏性威力迟早都会发生。正是这种认识激发了本书的创作灵感。

成瘾本身并不是原因，如果你真想解决问题并避免恶性循环，就必须找出根本原因。尽管你具有能力，但是疲于奔命、压倒一切的生活方式会让你感到无助。一开始人们通常会重新制定目标，致力于更高层次的活动和效率，启动新的锻炼计划，执行更严格的饮食结构，更多地取悦他人，以此来应对这种生活方式所带来的各种症状。然而令人遗憾的是，这些努力都没有解决潜在的挑战或其根源，而这些挑战会在面临压力时被放大。早期体验所塑造的、非理性和不符合事实的信念体系以自我毁灭的方式驱使着我们，即使这些行为似乎令人肃然起敬。

在当今世界，人们会奖励成功者从而保持效率，也已经习惯于用快速的方式解决问题，因此成就上瘾者处于很大的劣势。在对成就的文化期待下，他们无法确认自己的个人偏好，确立边界或者自我关爱，以保持平衡、健康和幸福。他们可能会达成目标，但是却失去了平衡，牺牲了自己的健康。一旦陷入了恶性循环，“魔咒”的各个方面都会被放大。

发现成就上瘾

自从《成就上瘾》在2004年出版以来，我接待了很多饱受成就上瘾困扰的来访者，他们都非常聪明并且敬业。让我吃惊的是，人们会驱车2个多小时从邻近的州赶来，跟我谈论他们为平衡自己的生活所做的不懈努力。

我提及这一点，并不是为了满足自己的虚荣心，而是想要说明，尽管外表看起来春风得意，成就上瘾的受害者却是多么绝望，他们的内心生活是多么悲惨，他们想要从中获得解脱的决心是多么坚定。

安东尼是罗得岛州的一名企业家，每周五我们见面的时候，他看上去都焦虑不安。他很英俊，拥有名牌大学的工商管理硕士学位，已婚，有3个女儿，他在财务上的成功足以让任何人都羡慕。他拥有2处房产，他的家族成员们都还健在，彼此之间来往密切，经常见面聊天。他的孩子们都很健康，他的妻子非常爱他。

然而，尽管拥有骄人的简历，他的生活却并不如人意！

你看起来棒极了，但是……

是什么让安东尼过着一种与他的简历并不相称的生活？他的父亲和哥哥都是律师，他最小的妹妹是服装业的高级主管。他们在罗得岛东南部一个富裕的小镇上长大，大家期望他成为他哥哥那样的人——英俊健壮，讨人喜欢。

安东尼上高中时，他哥哥从高中毕业去上大学了。学校的教练和老师总是会向他提及哥哥在学业上的成就和在运动方面的非凡才能。

他的父亲当时是当地一所法学院的教授，他非常重视孩子们的成就。他的父母都是意大利裔美国人，也非常重视家庭活动。周日一起吃晚餐是祖母家的惯例，在那个场合，所有的事情都会被公开讨论。和来自不知名小镇的女孩约会是不被赞许的；衣着不得体或说话时犯了语法错误都会被要求立即改正。无论当时有谁在场，无论他们状态如何，谈话都是坦率直接，不留情面的。

安东尼的父亲对他那“没受过教育的妻子”极为不满。母亲也曾试图去取悦他，但却是徒劳。谈吐不够大方，穿着打扮“像个老太太”，他总是没完没了地批评母亲，而这些被孩子们尽数收入耳中。

在安东尼读研究生的时候，父亲曾有过一段婚外情。他休学了一个学期去照顾母亲，因为她陷入了深深的抑郁情绪之中。不幸的是，安东尼开始害怕父亲，并对母亲产生了认同。

焦虑是如何产生的?

安东尼很早就知道，外表和地位是获得爱的关键所在。正是这种简单化的、过于注重颜面的思维模式让他变得焦虑，与此同时也成为“魔咒”。

在倾听母亲的痛苦时，安东尼发现，母亲觉得是因为自己不够优秀，丈夫才会出轨。无论她如何努力保护她的儿子，让她的丈夫负责任，安东尼知道，在她的内心充满了自责和内疚。

要是她能保持身材就好了；要是她听从丈夫的指导去学一些课程就好了；

要是她能变得与众不同，更性感，不那么拘谨就好了……诸如此类。他内化了她的信念体系："只有保持良好的外表和一定的社会地位，你才会被爱。"

安东尼变成一个焦虑的人，总是担心自己的表现，担心自己不如别人。在高中时，他的教练会说："你在练习时表现优秀，为什么在比赛中却不能有如此表现呢？"答案显而易见，一天晚上，他告诉我："我父亲不会看我参加训练，但在比赛当天，在我看到他进入公园的那一刻，我的心脏就开始狂跳。"

尽管如此，他仍然成为全州四分卫和棒球明星球员。"但我知道，我从来没有打出自己真正的实力。大四那年，我受伤了，肩膀肌肉被拉伤，我暗自庆幸有了一个逃避压力的好借口。"他接着告诉我，他从未跟任何人说过，在受伤时他感到多么地轻松，觉得自己终于逃脱了情绪的牢笼。

安东尼跌跌撞撞地进了大学，他开始酗酒，祈求自己不要再获得体育奖学金，但他继续做着他认为父亲和大多数权威人士会接受的事情。

他约会过几次，但从不让自己跟任何人过于亲密。女人们喜欢他，因为他特别尊重女性，对女性也特别敏感（因为在他的生命中，母亲是唯一能抚慰他的人）。他知道母亲理解他，但他害怕和她长期待在一起，因为她容易情绪低落。用他的话来说，她的情绪"很有感染力"。

他发现自己会被依赖他的女性所吸引，她们会很快让他知道，她们喜欢并且需要他。这些关系最终成为一种负担，他会找一些理由来脱身，但总是带着一种沉重的负罪感。

最终，在研究生阶段，他遇到了妻子葆拉（Paula），并与她结婚。葆拉是一位非常依赖别人的漂亮女子，在承担母亲的角色时，她经常不知所措。安东尼在自己的公司里工作，虽然公司距离家很远，但他经常购买食材并烹饪晚餐。

他爱自己的孩子们，但却很难给他们设立边界，他通常无法忍受孩子们哭泣和发脾气。“我不忍心看到她们难过。我只是为了让自己不再焦虑而屈服。我知道这样做不对，但一旦她们情绪激动，我就崩溃了。”

葆拉抱怨安东尼喜欢暴饮暴食。当他想要独处时，葆拉感到被拒之门外。他仍然在锻炼，有点痴迷于改善自己的体形，会花时间阅读肌肉方面的书籍，以恢复“在大学时拥有的身材”。

尽管如此，安东尼仍然是一个正直高尚的人。他在商界很受欢迎，虽然他很少主动与朋友交往，但人们信赖他。大家都觉得，在危难关头他是可靠的。他拥有这些能力，但是仍然感到焦虑和痛苦。

我能做出改变吗，还是为时已晚？

在经历了数周的失眠和焦虑之后，安东尼向他的保健医生寻求帮助。他被转诊给了一位精神科医生，服用了治疗抑郁症的百忧解（Prozac）和治疗焦虑症的劳拉西泮（Ativan）。最初的几周，他觉得有些疗效，并会时不时地去见他的医生，讨论药物治疗及偶尔调整剂量的问题。短期效果消失殆尽之后，有一天晚上，他在谷歌上搜索了“完美”这个词，无意中发现了我的第二本书《成就上瘾》。他在数周以后才拨打了我的电话，但我们最终还是见面了，并开始针对他的成就上瘾进行一对一咨询。

最终，安东尼参加了我每周的团体教练课程，现在还在继续。他已经取得了虽不完美但非常显著的进步，因为他的内心故事已经改变，他的情绪变得更有弹性。他放松了心态，与妻子相处更为亲密，更能容忍3个年轻女儿的情绪，能以更为现实的视角来看待自己的工作和外表。

我并不是说他的生活总是井然有序的，因为事实并非如此。他在处理事情的时候是否有诉诸旧方法的时候？答案是肯定的。他偶尔会像过去那样怀疑自己吗？答案是肯定的。他是否偶尔会回避与妻子探讨问题和解决冲突？答案是肯定的。

但如今的不同之处在于，旧的行为确实已经成为过去，就像老掉牙的唱片，一旦他认识到自我挫败的模式，就可以关掉。从本质上说，旧的线路已经改变，新的线路已经创建。某些行为模式的记忆仍然存在，但新的神经元、大脑中新的化学物质和更为丰富的行为路径已经取而代之：对安东尼来说，大脑的新模式战胜了旧模式。

终极的改变

这些根本性的变化是如何发生的？是在人际关系中产生的。我们与他人的关系互动有可能改变我们的大脑。高质量的互动能够让我们在神经化学水平上做出永久的改善。在媒体上，药品广告对我们进行狂轰滥炸，我们被告知可以通过某些药物改变大脑的基本特征。我在这本书中所提倡的方法，比任何药物所带来的改变都更为有效和持久。

我并不反对药物治疗，我只是认为应该谨慎地运用药物。在我们的文化中，我们不再仔细斟酌抗抑郁药、抗焦虑药等药物的使用，而是对此变得漫不经心。

受到世界各地神经科学家们支持的、令人感到鼓舞的一个事实是：对自身认识和感受的改变最终会导致神经化学的变化，让我们变得更健康，更有活力，更有生机，让我们可以更好地思考和生活。

在安东尼的案例中，我们的关系给他提供了一个审视关于人与人之间关系可能性的新视角。通常情况下，他会在下周复诊时告诉我，他知道自己在治疗结束时感觉好多了，但他并不太确定到底发生了什么。

有一天，安东尼对我说：“我觉得现在和自己相处得更舒服了。这是我人生中第一次感到被人理解，我更能接纳自己了。我想是因为我觉得你接纳我，了解我。我不认为你赞同我说的每一件事，但每当你给予我反馈时，即使并不是称赞，我也不担心你的意图。我知道你是想帮我。如果你的话很伤人，我会意识到自己也需要听到这些话，这样我的生活才能继续向前。”

当人们建立起强大的人际交往能力，尤其是共情能力和能够促进可持续发展的生活方式时，真正的幸福（爱和尊重、健康和快乐）及个人生活和事业上的成功自会翩然而至。

成就上瘾者容易把地位凌驾于品格之上，把成就凌驾于关系之上，把效率凌驾于健康合理的成就水平之上。

他们不断地追求成就是为了掩盖自身的脆弱。只有当他们在内心和头脑中都认识到成功的生活始于人际关系时，才能恢复如常。要想获得他们生命中始终缺失的东西，人际交往能力是不可或缺的。

你或许会感到疑惑为什么“人际关系”“人际交往能力”和“共情”是这个问题的主要解决方案。与他人相处和沟通的能力对个人成长和发展的各个方面来说都是必要的，而人际关系是我们了解自己的镜子。它们可以帮助我们面对关于自身那些被否认的部分（我们会压抑或者无法接受它们）。

对于成就上瘾者来说，如果想要更好地思考和生活，并且摆脱不断取得成就的强迫性冲动，就必须让内心深处脆弱的自我变得强大起来。你可能会需要朋友们提供一些帮助，他们会给你真实的观点。

你可能意识到自己需要在“工作和生活”之间寻找平衡，并且拥有营养和运动方面的博士学位，但如果你习惯于让自己为了不正确的理由不断地追求成就，就会持续受到挑战。韧性和积极的自我只能在人际关系中得到发展。阅读自助类书籍可能会有些许帮助，但解决办法是在与团体或社区成员的关系中发展共情性人际技巧。

在与有着类似目标的他人进行互动时，你可以发展出更强大、更清晰的自我，思考和生活方式会得以改变，并最终摆脱让你不停地追求成就（思考、比较、执着、展示能力等）的非理性冲动。从别人那里得到适当的反馈，尤其是他们都带着真诚的态度沟通交流的时候，你可能会发展出更为真实的人际关系。在此情况下，有助于情绪调适能力且具有韧性的自我就会得到发展。

许多研究表明，在各个职业领域，人际交往能力都是通向成功的基础。在公司里，成功的高管有能力“感知他人的需求”，并“让他人感到在被倾听”。他们并不会总是赞同员工的观点，但是他们关心下属。从本质上说，这些高管已经发展出了共情能力——理解和回应他人独特体验的能力。

这似乎也是成为合格父母所需要的能力，不是吗？

理解他人的独特体验

如果听不到别人的评判，安东尼会感到不习惯，同时他也害怕批评，尤其是来自父亲的批评。

在过去的几年里，我发现成就上瘾的受害者不仅会对自己的外表和地位感到焦虑，而且也普遍会在他人面前感到焦虑。许多人没有表现出这个弱点，只是因为他们已经学会了如何有效地去掩盖自己的这种焦虑。

我曾与许多来访者合作过，他们可以镇定自若地发表演讲。但是在内心深处，他们却不停地审视着台下的听众，生怕看到一个似乎百无聊赖或是不以为然的人。

通常这种低水平焦虑总是如影随形、无处不在，因此人们会对这种心理状态习以为常。就像一个人习惯了低能量水平，却没有意识到自己已经筋疲力尽了。比如说，安东尼知道自己的内心总是轻松不起来，但他只是认为这是自己的性格使然，不太可能改变。

在参加小组讨论一段时间之后，他的想法改变了。在最初的治疗中，他很焦虑，当然这是意料之中的。然而他认为这是不寻常的，觉得其他人可能在第一次尝试时会处理得更好（这是他告诉自己的一个故事）。听到他这样的评论，大家都笑了。因为刚开始时，他们都有同样的感觉，而且每看到一个其他人的案例，他们都会意识到自己对人之常情是如此一无所知。

每个人在尝试新事物时都会感到焦虑，尤其是在涉及揭示自己真实本性的时候。成就上瘾使得个体无法真正去理解人们在关键情境下可能产生的体验。

因为成就上瘾者太过专注于自己的表现，这使得他们无法真正看到别人并理解对方的真实感受。他们经常演练自己要说什么，而不是真正去倾听，因而失去了学习和观察的机会。他们凡事想要尽善尽美，追求卓越。他们认为完美确实存在，在这一信念的驱动下，他们会做得更多，并且更加努力。最终，他们会筋疲力尽，情绪低落，因为每一次对完美的追求都会让他们感觉无能为力。

战胜不自信

成就上瘾让人渴望变得伟大，这是对缺乏自信的过度补偿。他们在强大和弱小这两个极端之间摇摆，总是压力重重，而大多数人往往没有意识到，真相介于这两者之间。成就上瘾者并没有他们理想中的那么伟大，反过来也没有他们认为的那么糟糕（这不是关于“好或坏”的二元对立，这种对立本身会导致认知的扭曲）。

一旦人们理解了这一困境，他们的工作就是改变不自信的感觉，评估这些感觉是基于事实，还是他们多年来在脑海中写下的故事的一部分，正是这些故事促成了过去的情绪状态。

虽然进展缓慢，但是却走得很坚定，安东尼从他的困境中解脱了出来。因为他从团队成员和我的真实反馈中认识到什么是神话，什么是对于他自身正确的看法。他基本上放下了过去的包袱，这样他就能重获自由，不再被那些曾使他不堪重负的错误观念所束缚。

有勇气面对自己并非易事，我们都有自己的缺点和优点，但是完美主义者几乎无法容忍缺点。我们都背负着痛苦的过往记忆。不幸的是，对于许多人，特别是那些饱受成就上瘾困扰的人来说，这些过去的经历已经内化成他们自身的一部分。

过去的创伤经历或重大的情感伤害通常会以这种方式留在脑海中：我们遭受情感痛苦之后所创造的故事，会让我们维持自身的一种刻板形象。在同伴团体之中，我们会袒露自己的弱点和长处，更加深刻和准确地认识自己，因此可以改变这种印记，最终写出一个崭新的、更为贴切的故事。

如果没有他人的参与以及共情的相互作用，我们就无法认识自己。共情的力量在于创造亲密、自我理解和持久的爱。《共情的力量》是我出版的第一本书，我也推荐你去阅读，它可以和本书一起帮助你掌握摆脱“魔咒”及其挑战所需的基本技能，而这些都会在本书中提到的团体治疗过程中有所体现。

在我们的文化中，很可能大多数人都在一定程度上存在着成就上瘾，这倒也不失为一种健康的比较和竞争。只有当你通过取得成就来掩盖过去的弱点时，成就上瘾才会主宰你的生活。

日志问题

如果你还没有下载你的免费日志，请登录：

www.TheCurseoftheCapable.com/ChangeYourStory。

现在我鼓励你拿出你的笔，在空白处回答下面的问题，或者用一个单独的笔记本记录下你的答案。

- 你觉得安东尼的故事中有哪一部分是你也认同的?
- 他的人生故事有没有引起你特别的情绪反应?
- 你的父母中有一方或双方是挑剔的人吗?
- 你是否记得童年受到的伤害，并且这些伤害一直萦绕在你心头?
- 你年轻时是否很容易感到难堪?
- 你的脑子里或口袋里总是有待办事项清单吗?
- 你是否经常觉得自己要比别人更努力才能出类拔萃? 为什么?
- 你是否曾担心过：如果不让父母高兴，就会失去他们的爱?
- 你是否经常会试图去完善自己的说话方式?
- 你是否经常会努力让自己的外表看起来更完美?
- 你是否无法停止完美主义的想法，即使你知道这样是非理性的?
- 如果你只是无所事事，你会感到内疚吗?
- 你会怀疑自己是否拥有真正的朋友吗?
- 你每天都会称体重吗?
- 你是否无法忍受自己在变得衰老?

- 在衡量一个人成功与否时，你是否并不看重他/她的品格？
- 你锻炼得太少还是太多？
- 你每年至少节食一次吗？
- 你是否会过度使用酒精、药物或安慰性食物来使自己平静下来？
- 你每天或者每月服用安眠药吗？
- 针对上面你回答为“是”的问题，你能做一些解释吗？

进行实践

1. 在日志中记下一周中最愉快的时刻。在这些时刻中，有多少是与地位和外表有关的？

2. 选择一项与表现无关的活动，你喜欢这项活动，但并不觉得它“富有成效”，试着在不进行自我批评的情况下，尽可能地享受从事这项活动的体验。

3

第三阶段——承认故事带来的影响：成年期的六种情感考验

六种普遍的情感考验会因成就上瘾而增强，它们会对你的行为产生影响，你所讲述的故事也会强化你对自己的看法。

在这个阶段，你将听到我的来访者的故事。他们在六种情绪挑战中挣扎，这些情绪挑战是所有成年人都必须面对的困境，也是通向成功的必由之路，尤其会对成功者的生活产生影响。你会逐渐了解这些情感考验是如何得到解决的，你的故事与你如何应对密切相关。

我们会对那些支持和延续我们独特故事的人和情境产生依恋。我们对自己最深刻的看法反映在这些选择中，也反映在我们决定如何应对所遇到的挑战中。以下内容展示了陈旧的、被误导的看法（一个毫无建设性的内心故事）是如何阻止我们采取有建设性的应对方式的。随着这些模式的改变，我们的能量被释放出来，生命中遇到的困难迎刃而解。崭新的自我认知让你能够储备能量，占据有利的位置，成功地应对各种新状况。

第三章

释放多巴胺——期望

受制于数字

3年前，莎拉（Sara）第一次来到我的办公室，她是一位典型的被自己的期望所裹挟的女性。她身高158厘米，身材瘦小，习惯于悄无声息地走进房间——低调而普通，毫不起眼。她看上去很胆怯，甚至有点弱不禁风。她穿着蓝色休闲牛仔裤和宽松的衬衫，留着色彩斑斓的头发，但隐隐的紧张感让人们无法把她的穿着打扮跟“酷”这个词联系在一起。她深陷在沙发的角落里，仿佛单单只是坐着就已经耗尽了她全部的力气。

在后来的交谈中，我了解到，其貌不扬的莎拉居然是一位世界级的歌手，她与许多著名的爵士音乐家一起演出过，在国际上广受好评。她向我讲述自己的生活时，我在她的脸上看不到一丝喜悦。我在想她为什么不能放轻松一点，更柔和、更轻盈一些，而不是心情沉重地用手指甲抠着我的沙发。

几次面询之后，答案就呼之欲出了：莎拉正在远离音乐。尽管她的艺术成就非常之高，她已经失去了那种快乐和满足的感觉。新近接到的演唱邀约让莎拉感到压力重重，但与此同时，她又会担心每一次表演都将是最后一次，所以她一边接受了所有邀请，一边痛恨自己这样做。她害怕在公众面前演唱，不敢看那一双双在演唱会上盯着她的“批判的眼睛”。

莎拉无法享受自己的才华，也不能陶醉于自己令人羡慕的成功，她感到筋疲力尽，正在考虑放弃自己辛辛苦苦打拼出来的事业。音乐的灵感已经真真切切地从她体内流走。

要弄清人们是如何失去自由生活的权利并接受“魔咒”的，可能需要做很多艰苦的心理工作，但莎拉的核心问题比大多数人更容易发现。她已经成为一种流行的、有毒的期望的受害者，我称这种期望为“数字”。

不断给你的生活打分

人类的大脑会自然而然地寻找方法来衡量自己的成功或者失败。即使是非常年幼的孩子，也会本能地观察成年人表示赞许的蛛丝马迹，并调整自己的行为以引发他们更多、更强烈的反应。他们处理细微表情的速度，比你意识到自己犯了一个严重的错误更快。

举个例子来说，如果孩子第一次在你面前打嗝时你笑了，他就会一直不停地打嗝——也就是说，如果他的小伎俩成功地把你逗乐，他的大脑最深处就会确信这个方法有效，所以他会不断地打嗝，1次……2次……10次，日复一日。在孩子厌倦了这个游戏之前，你其实早就听够他打嗝了。你知道“别笑——这只会鼓励他”这句话吗？说的就是这种特殊的心理现象。

我们想赢得认可或者说想要获胜的动力一直都在，但是我们衡量成功的标准会改变。通过观察、家庭教育、社会价值观和个人目标，我们内化了某些行为标准，而这些标准又成为我们对自身的期望。在社会上，我们着迷于竞争和各种标准水平，而确保评估准确性最可靠的方法就是使用数字。

这些数字无处不在，它们就是我们对自身的期望。包括我们在SAT（高中毕业生学术能力水平考试）中想要取得的分数、我们的预计寿命、我们的理想工资水平、我们企业年金（补充养老金）的投入金额、用谷歌搜索自己名字时出现的网页数量、我们的住宅面积、假期天数，我们的体重、胸围和信用评级等。几乎任何成就都可以用数字来表示。

试试这个实验吧——下次你遇到一个人的时候，问问他是否结婚了。通常情况下，如果答案是肯定的，对方会在后面加上一个数字，比如“是的，我已经结婚8年了”。将一段关系简化为一个数字实非易事，但我们仍然做到了。如果我们连婚姻都可以量化，其他事情就更加不费吹灰之力了。

在我们的世界里，我们几乎会对所有的方面进行计算、衡量或比较。无论是好是坏，这些数字都是我们在生活中判断成功或失败的标准。当然，这些数字并不能真正地告诉我们自己成功与否。它们至多是我们在某个特定时期价值观的写照，也是我们父母价值观的写照，是他们帮助我们逐渐养成了设定目标和达到期望的习惯。

设定目标或努力实现目标本身并没有错——这就是我们发挥潜力、实现自我的方式。可是当我们误将抽象的、毫无终极意义的数字作为真正的目标，或者如果我们夸大了它们的重要性，以此来遮掩我们个性中的弱点，问题就产生了。在这些情况下，我们变得无法掌控；相反，我们会被那些具有欺骗性的期望值所裹挟。

在我们拼尽全力地“创造佳绩”时，我们就陷入了一种消极情绪和徒劳行为的恶性循环，我们会通过那些数字来寻找我们表现如何、应该感觉怎么样，以及我们的生活是否处于正轨的线索。

这听起来有点极端，但有时候我们都会落入这个圈套，尤其是那些成就上瘾者。想象一下，你站在秤上测量体重。如果你和大多数人一样，你一定会有一个期望体重。如果今天称体重的时候，你发现自己比想象中轻了10磅，你是什么感觉？我猜你会感到很高兴。如果你发现自己胖了10磅，你可能会感到痛苦。

仅仅凭借着体重秤上的数字和头脑中的数字之间的比较，你的期望就有能力在一瞬间改变你的情绪。你头脑中的数字就是标准水平。任何一点高于标准水平的变化都会让你更快乐；同样地，低于标准水平的变化会夺走你的幸福感。

这几乎适用于任何事情。如果你期望每周收入能增加50美元，那么每周能赚100美元可能会让你激动不已；但是每周收入只增加10美元可能会让你感到气愤。数字切切实实地操控着我们的情绪，让它起起伏伏。

比谁好，比谁差

由于我们对数字赋予了重要的意义，无法达到这个主观设定的目标可能会带来毁灭性的后果。作为一名歌手，莎拉为她的成功设定了相当高的标准。她认为只有非常优秀的歌手，人们才会买票去听他们的演唱，而且只有做到出类拔萃，才能成为职业歌手。要成为歌唱巨星并在全球受到赞誉，必须做一位伟大的灵魂歌者。但莎拉觉得这些标准都毫无意义。相反，她成了音乐家和歌手（也包括作家）之中普遍存在的一种奇特现象的牺牲品——“亚马逊沉迷”，这是成就上瘾的一种典型表现。

浏览过亚马逊网站（amazon. com）的人，都清楚他们的“销量排名”模式，也就是说个人的唱片、书籍和其他商品的排列顺序是根据它们在该网站上的销量确定的。销量排名第1、卖得最好的唱片就排在“销量排名”的第1位，销量第5的唱片就排在第5，以此类推（一直排到百万）。排名是被频繁更新的——从1到999的排名每小时更新一次，1000以后的排名每天更新一次。

莎拉最新的唱片初次发行时排名是在第798位，这是一个还不错的位次，但却无法进入最畅销爵士唱片名单。她第二天再查看排名时，已经上升到第336位。一个小时后，到了第421位。又一个小时后，就是487，再到222、159、898……无休无止。在接下来的5天里，莎拉每隔一个小时左右就会查看一次排名，希望看到自己的实力得到认可——她认为自己应该进入了前10位。尽管做了大张旗鼓的宣传，但她并未如愿以偿。就在那时，莎拉开始陷入数字恐慌之中。

在大约一个星期的时间里，莎拉看着自己的唱片在排行榜上的排名忽上忽下，她决定追踪一下她认识的其他歌手的唱片排名。她选择了一些尊敬和喜欢的歌手，还有一些她认为被过高评价或者并不欣赏的。每天她都把自己的排名和其他艺术家的进行比较，每天她都能找到新的理由讨厌自己的职业。

如果有位优秀歌手的唱片排名比她更高，她会感到沮丧和绝望，因为她觉得自己可能永远也不会像对方那样，可以毫不费力就能获得如此高的成就。如果在她看来还不够资格的歌手唱片排名高于她，她会因为这种不公正感到愤怒。当莎拉的排名到了10万左右（大多数人最终都是如此）时，她的期望完全破灭了，这让她感到迷茫、沮丧和焦虑。在她看来，自己就是个失败者。

期望可以激起我们的愿望和希望，但是如果我们期待用积极的成就来改善情绪问题，最终就会走向抑郁。期望是一种实现个人潜力的自然渴望，并且在更深的层次上来说，它是一种习惯性信念，告诉我们什么样的行为或成就会带来爱并增强我们的自信。

期望会极大地影响我们的神经化学物质，产生让人感觉良好的化学物质多巴胺，神经学家称之为“期望预期”。这种预期会让我们在达到实际目标之前释放多巴胺，莎拉就是一个很好的例子。她具备某种天赋，在歌唱和演奏音乐方面具有不可思议的能力，而她也渴望在这方面有所发展。她经常对自己的下一张唱片在排行榜上的表现抱有很高的预期。

就像许多成功者一样，莎拉是一个完美主义者，但并不是所有的完美主义都会产生负面的后果。相关研究显示，人们存在两种类型的完美主义。一种是健康的，有些人拥有超绝的能力，也喜欢发挥自身的潜力。他们表现卓越并不是为了获得别人的爱，而是对职业葆有热情，他们自然而然地得到了爱。

完美主义的第二种形式就像莎拉这样，她试图通过成为这个国家最好的歌手 / 词曲作家，来重写她从童年起就形成在脑海中的虚构故事。她渴望通过成为“最好的”那个，成为众人艳羡的人来改变对自己的消极看法。具有讽刺意味的是，正如研究一再证实的那样，人类对于什么样的成就能真正带来持久的满足感的判断是极其不准确的。

人类和老鼠不同（通常状况下）

沉迷于亚马逊的销售排名是最近才出现的现象，但在包括奖赏理论在内的几个心理学理论中，我们都能找到其先例。例如，经典的“操作条件反射”（operant conditioning）理论就是基于这样的观察：某种行为一旦受到奖赏，就往往会被重复（例如，如果你在一个蹒跚学步的幼儿打嗝时笑了，他就会拼命地打嗝，想要再次把你逗笑）。

该理论的早期版本提出，如果我们知道每个人一生中所接受的奖励和惩罚的模式，就可以预测所有的人类行为。在实验室里的老鼠被引导通过按压杠杆来获得食物颗粒时，操作条件反射是一个完美而可行的理论。但在其他情况下，它就不那么有效了。

想象一下这样的场景：两个房间里都是幼儿园的学生，他们正在用蜡笔画画。第一个房间里的孩子们可以自由地画画；第二个房间里的孩子们则被告知，每交给老师一幅画，他们就会得到1美元。一个星期之后，你再回来看看孩子们在做什么，你认为会看到什么？

大多数人猜测，那些被许诺每幅画1美元的孩子会有一堆已完成的创作，并且会疯狂地创作更多，而另一组孩子的创作效率会相对较低。的确，这就是操作条件反射所预测的——金钱奖励应该会激励孩子们创作更多的艺术作品。

但事实上，这项研究在现实中所得到的结果恰恰相反。有人出钱让孩子们去做他们原本喜欢的事情，但最终他们却对这项活动失去了兴趣。一开始，他们还在兴奋地画画，但后来这股热情就消失殆尽，反而是那些没有得到奖励的孩子们还在继续画画。

事实证明，人比按杠杆的老鼠要复杂得多。想想看吧，人类与实验室里的老鼠截然不同，他们具有复杂的个性、自我决定和其他能直接影响我们个人成长和幸福的内在驱动因素，其中最强大的一个因素就是动机。

动机的力量

动机是激励的一部分，是促使我们做某些事情的理由。心理学家把动机分为两大类：内在动机和外在动机。

内在动机（*intrinsic motivation*）是个人发自内心的真实动机。有内在动机的人对一件事有一种天然的兴趣，他们做事纯粹是出于对这件事本身的享受。这种兴趣会带来兴奋、能量和创造力，而这些反过来又会像永动机一样源源不断地保持动机。

拥有内在动机的人会持续追求自己的兴趣，即使他们从未得到认可或金钱回报，或者“不得不”持续工作很长时间。例如，托尼·班尼特（Tony Bennett）最近被问及，为什么85岁的他还在继续唱歌。他的回答很简单：“因为我热爱它。”

外在动机（e*xtrinsic motivation*）来自外部，可以是外部的奖励或者威胁，以及他人加诸自身的目标。由于外在动机，我们会做那些自己不喜欢或者不感兴趣的事情，这是成就上瘾的症状之一。外在动机解释了为什么人们会继续做自己讨厌的工作（金钱是一种常见的外在奖励），或者为什么禁足的威胁可以让一些青少年在宵禁后不出门。如果只有外在动机在引导我们的行为，那么一旦奖励或威胁消失，人们就会停止行动。

听起来很简单，对吧？内在或者外在，界限分明，但是心理学家却在动机的研究中发现了一个有趣的悖论。事实证明，扼杀内在动机，让天生的兴趣萎缩和消亡是易如反掌的，只要我们施加物质奖励、威胁或其他外部压力。那些因为画画而得到报酬的幼儿园孩子就是这样。

孩子们天生喜欢艺术创作，这意味着他们拥有内在动机。每幅画1美元报酬这种外部强加的奖励，抑制了他们天生的热情。外界的干扰——即使是善意和有价值的——将孩子们热爱的活动变成了枯燥乏味的任务，动机也就消失了！人类精神的火花被熄灭了。

这也是莎拉所面临的情况。她成为一名歌手，并不是因为父母的强迫，也不是因为那是一份高薪的工作——事实上，在莎拉能够自食其力之前，她过了好几年清贫的生活。相反，是莎拉对爵士乐天生的热爱促使她做出了职业选择。

她在年轻的时候听从内心的召唤，即使不得不做服务员来维持生计，她也没放弃音乐。她很有天赋，很幸运，内心也有动力。她克服了种种困难，成为一名成功的歌手和音乐家。

她的转折点发生在对亚马逊排名的痴迷。当莎拉开始关注自己唱片的销售排名时，她受到了外部干扰——让唱片销量满足她的成就期望，达到预期数字的那种压力。这足以抑制她原本的内在动机。久而久之，莎拉再也无法从音乐中获得快乐。直到她到我这里求助时，她已经打算永远放弃唱歌了。

不断加码

这些数字可以有多种形式。它们可以是考试成绩、体重和工作指标，或者你能想到的任何东西。人类的大脑善于创造新的标准，然后自己再去努力满足。最常见的数字是金钱——我们每年的收入、银行存款，我们买鞋的开销，我们的收入比自己的连襟高多少。我不反对赚钱或拥有财富——我和其他人一样在领到薪水时感到快乐——总的来说，这又不是坏事。然而，我们对金钱的期望和对此赋予的数字，会对我们的幸福水平造成很大的影响。

比如我的一位来访者乔安娜（Joanna），她执着于25万美元这个标准。她是一家大型制造公司的营销总监。15年前，当她开始自己的职业生涯时，她认为年收入10万美元就可以证明自己在业内站稳了脚跟——“六位数”的收入是她从大学时代起就渴望达到的状态。她在3年内圆满地完成了这个目标，但是这带来的快乐却只是短暂的。

很快，她就用一个新的数字取而代之：15万美元。这种模式不断重复，直到她设定了一个自己无能为力的数字。据乔安娜说，她们公司所有“真正的人才”（用她的话来说）每年都能挣25万美元。如果她也能拿到这么多薪水，她就会知道自己也具有同样的才干。当然，如果她最终能达到这一目标，这种满足感也只是暂时的。她得重新寻找一个数字，把她的人生和幸福寄托于此。如果我们孜孜不倦地追求“数字达标”所带来的幸福和安宁，我们就永远无法得到满足。

心理学中有一个概念叫作“享乐适应”（hedonic adaptation），它可以在一定程度上解释这种不断加码的现象。“享乐”的意思是“与快乐有关”，所以这个短语指的是我们的大脑适应快乐的能力。基本上，该理论认为我们每个人都有快乐的自动调节器或者设定点。每时每刻，日复一日，我们的快乐水平可能会上下波动，但最终会重新安定下来，回到平常的状态。

在乔安娜达到第一个10万美元的目标时，她的快乐瞬间到达顶点，短暂维系了一段时间，但随后又回到了以前的水平。而乔安娜的心理反应是觉得自己只是选择了错误的数字，并且将其不断加码。一个可悲的事实是，乔安娜不会对她的生活感到快乐或满意，直到她意识到她的期望拖累了自己的人生：她需要去寻找人生的意义，而不是赚取更多的收入。

狡猾的数字

基于对公司其他员工薪酬水平的观察，乔安娜选择了她的数字。莎拉也选择了自己的数字，但她希望自己的唱片销量进入“前10”却过于武断，她的依据是世界上任何排名前10的事物都是出类拔萃的。但我们并不能总是有意识地掌控我们生活中的数字。

数字的悖论

尽管我已经给出了很多负面的例子，但数字并不都是具有消极意义的，理解这一点很重要。它们是我们生命中的标记，带给我们一些指引，告诉我们什么时候以及怎样才能发挥我们的潜力。当我们被这些数字驱使着去改变消极的内心故事时，问题就产生了。这时，数字的意义就被夸大或推向了极端。

我们把数字作为目标，以弥补一些伤害、轻视或者性格中脆弱的那部分。在这种情况下，它们就会给我们带来无止境的挫折和不满。但如果我们不是把数字当作目标，而是把它当成工具和手段，我们就能掌控自己的情绪和生命路径。

举个例子来说吧。我的女儿阿莱娜（Alaina）今年25岁，就她这个年龄阶段来说，数字代表着一切。她有很多数值标准：体重、身高和成绩。她和闺中密友谈论她们的计划和标记，比如她们认为要在什么年龄结婚、想挣多少钱、想生几个孩子等。

许多数字都可以作为基准，帮助阿莱娜实现她的潜力。例如，保持健康的体重是有益的。如果关注体重可以帮你改善营养，促使你有规律地锻炼，那么它就是一个积极的工具。但如果观察体重秤会影响你的情绪，那就表明你可能对体重预期值过于执着了。心中设定一个薪资目标也是有益的——它可以帮你确定自己的价值，购置家产，为退休后的舒适生活做准备。

对于任何数字，你都需要一直询问自己到底在追求什么。以金钱为例，你需要质疑它的真正价值所在。它会为你带来什么，你又会如何利用它？你有什么财务计划吗——或者你是否认为，在银行账户里的存款达到一个特定数字之后，你的生活就会因此自动变得更好？

我经常从来访者那里听到这类神奇的想法，这也许会让你感到惊讶。比如有人梦想着有朝一日能坐进独立办公室，也想要和儿子一起打棒球——然而，在他得到那间办公室时，他的儿子已经去上大学了。

有的女性会抱有一种不合理的期望，认为如果自己能减掉20磅，她那早已分居的丈夫就会回心转意，忠贞不移……并且老板还会给她加薪。这20磅是要有多大的威力，才能帮助她实现这么多目标。

在某种程度上，每个数字都仿若母亲的微笑——我们对它梦寐以求，觉得它能把全世界照亮。但这却不是真相。母亲的一个微笑可能会照亮一间屋子或者你的灵魂，但整个世界却仍还是它原来的样子。

如果除了徒劳地试图赢得爱和间接地重写过去之外，一个数字毫无其他任何意义，那么你的期望就永远、永远都无法实现。这些空洞的、妄自尊大的数字都是外在的标记，告诉我们内心需要了解什么。

乔安娜永远不会满足于任何金额，因为她追求的不是金钱，而是一种意义感。她需要用这个数字来确认自己的价值，因为她认为只有“真正有才能”的人才能达到这个数字。至于莎拉，她需要的则是亚马逊的销量排行。

对于这两位女性来说，更深层次的问题是自我怀疑，是她们缺乏对自己的信心。尽管客观上她们都取得了成功，但是她们仍然不确定自己到底有多优秀。莎拉告诉我，有一次她听到电台在播放一段爵士乐，她想：“这首曲子真的很好听。”她想听听演奏者是谁，结果发现这首曲子是她在15年前录制的。那个钢琴演奏者就是她本人！

这一发现使她感到困惑——她的耳朵是怎么骗过她的呢？让她以为自己很棒，但内心却觉得自己并非如此。她无法接受这件事，因为她根本不相信自己的才华。她无法战胜成就上瘾，只能基于昨天的偏见看待自己，却不能基于今天的真相重新审视自己。

为迷恋提供背景

数字是虚幻的，对幸福来说毫无意义可言，因为幸福本与数字无关，根本就没有“快乐值加5”这回事。如果我们在自己的头脑中设定一个数字，那通常我们就会认为，如果我们能达到这个目标，它就能给我们带来其他的一切，比如尊重、满足、自尊、地位……乃至整个世界。期望并不总是理性的。

我告诉乔安娜和莎拉：“你并没有自己所希望的那样优秀，但是也并没有自己想象的那么糟糕。”正如我之前提到的，这句话几乎适用于所有成就上瘾者（即使只是轻度的）。它之所以有价值，是因为它为我们对数字的迷恋提供了一个背景，这些数字可能是亚马逊销量榜的排名、每季度的奖金、腰围的大小，也可能是每天早上体重秤上的磅数等。我猜大多数为特定数字冲锋陷阵的人都清楚，他们是试图对自己遭受的一些轻视或者让他们对自己产生了怀疑的某种情境做出过分补偿。

但是了解自己的恐惧是一回事，掌控这种恐惧却是另一回事。在更深的层次10，莎拉也知道自己迷恋于数字的根源。莎拉的父亲是一个阴郁沉闷，喜欢给人泼冷水的人。

莎拉在很小的时候就意识到，她只有在运动中或音乐上表现得非常出色，才能看到父亲的笑脸。在那些时刻，她赢了认可和爱，即使只是暂时的。这就成为她的情绪公式：只要表现出色，父亲就会感到快乐。想象一下，如果她做了什么非凡的事，那将会得到什么样的回报。再想象一下，如果她是世界前十，那又将如何？这就是导致莎拉执着于销量排名，以至于最终无法感到幸福的原因。

莎拉和乔安娜都已经认识到，并将继续认识到，她们赖以生存的理论是海市蜃楼。她们意识到，在追求爱与接纳的道路上，她们已经误入歧途，不知道自己该以何种方式、从何处去追求。她们在内心虚构了一个不符合事实的故事，她们的信仰体系是有缺陷的。一旦真正认识到这一点，她们的心灵才会获得解放。

解放心灵之后，我们的压力就会减轻，不再过于专注结果，不必再为期望所束缚。期望能振奋我们的精神，它所产生的神经化学物质会让我们感到兴奋。然而，如果我们用期望来掩盖童年的伤疤，而不是实现自己的潜能，期望也会使我们陷入低落情绪，产生消极的神经化学物质。我们必须理解，期望能够鼓舞人心，但一旦目标得以实现，就会随着时间的推移而失去意义，尤其是当我们对目标的追求背后另有隐情时。

在莎拉告诉我她讨厌音乐时，我知道这是她对自己的过高期望产生的一种本能反应。其实她不讨厌音乐本身，她只是憎恨自己加诸音乐的数字迷恋。我问她，如果独自在家的时候，她会弹琴或是唱歌吗？她说是的，那是她唯一喜欢弹琴和唱歌的时刻。这就是了，因为她在数字上面投射了过多的情绪和压力，过于强调其重要性，她就再也无法享受自己的音乐天赋。这些数字剥夺了她内在的快乐。

对莎拉来说，关键是要把期望层层剥开，去体验天然的快乐、自然的兴趣，体会与生俱来的潜力，并鼓励它蓬勃发展。我跟莎拉建议，她不必每一场演出都参加，鼓励她演奏自己喜欢的曲子。她开始拒绝一些报酬丰厚的音乐会，因为这会要求她演奏更多自己不那么喜欢的商业音乐。她不再去大型场所，而是改去小规模的、私密的爵士剧院演奏。我最后一次见到莎拉的时候，她在前一天晚上刚结束了在波斯顿一家爵士剧院的演出，里面座无虚席。她更加放松自如了，身体状态似乎也更加柔软了。

“我沉醉在音乐中，”莎拉说，“我唱的是真正的爵士乐。”

“昨天晚上，你有没有想到自己卖出了多少张唱片？”我问。

她想了一会儿，然后笑了：“没有。我只是非常享受。”这是她让自己从错误认知中解放出来的起点。

日志问题

同样，我鼓励你把以下问题的答案记录下来，然后采取步骤进行实践。

• 你认同莎拉或乔安娜的故事吗？

• 你有没有发现自己对她们的痛苦有任何特别的情绪反应？

• 你的动机是内在还是外在的？请解释一下。

• 你如何了解到自己的动机属于内在还是外在的？

• 你从谁那里了解到自己的动机是内在还是外在的？

• 在你的生活中有哪些重要的数字？解释一下。

• 你是否经常会计算自己每天赚多少钱？如果是的话，原因为何？

• 你是否特别容易受到与你的生理年龄相关的数字的影响？

• 关于那些使得你误入歧途的期望，你现在意识到哪些是无法实现的海市蜃楼？

• 你可以对未来设定的、让你健康生活并成就斐然的现实性期望有哪些？

• 你认为自己有可能设定现实的期望、取得高水平的成就并且过上健康的生活吗？

• 你认为什么会阻碍你实现这种可能性？

• 你是否会与他人分享你的希望和梦想，告诉他们你觉得什么会带给你快乐吗？

• 在过去，你有没有准确地预测过什么会让你感到满足？

• 你设定期望的方式并不符合自己的最佳利益，从中你了解到什么？

进行实践

1. 在日志中准确地记录下你期望下周会让你快乐的事情。在周末检查并记录你预测的准确性。

2. 与他人分享你期望什么能给你带来快乐，并询问他们基于对你的了解，他们是否同意这些事情会让你感到快乐。

第四章

让自己从过去中解脱——遗憾和未实现的梦想

我们中的很多人都有能力做出不同的人生选择，但我们的心灵却变得软弱无助（也就是说，我们认为自己无法自由地生活和选择），因为我们觉得自己的心灵被囚禁了。正如我们将在下面的故事中看到的那样，悬而未决的内心故事让我们相信，我们没有办法克服自身的缺陷。

这一章探讨了遗憾和未实现的梦想的本质，以及它们是如何扰乱生活的积极进程的。卸下这些重负可以成为一次令人震撼的体验，让我们带着能量和勇气轻松地走向未来。为了帮助说明这些，我会重点讲一下弗兰克（Frank）的故事。

弗兰克来见我是因为他的妻子告诉他，他需要采取些措施来控制自己的愤怒，否则她就会提出离婚。每当事业和家庭生活不顺时，他就容易发脾气，情绪低落。他转而通过喝酒来"缓解压力"，并且越喝越多。

弗兰克非常爱他的孩子们，但对他的双胞胎儿子却异乎寻常地严厉。只有他最小的女儿继承了他极端的职业态度和卓越的运动才能，才得以逃脱他的愤怒。弗兰克充满了挫败感，他对自己的行为感到羞愧，但又无力控制自己的愤怒、沮丧和对过去的巨大愧疚。事实上，我很少遇到像弗兰克那样深怀负罪感的人。显然，他就是想让自己受到惩罚！

“您可以让我有一点自知之明，告诉我自己是个白痴。我来到这里是为了让自己好起来，为了挽救我的家庭，我愿意去做任何事。”弗兰克确确实实是在请求我帮助他找到救赎自己过去的方法。

只有行为做出改变之后，道歉才有意义。弗兰克的羞愧感使他无法和已经成年的孩子们好好交谈，也无法直面妻子以请求她的原谅。相反，他送给他们豪华的度假和重要体育赛事的门票等。

我从未见过一个人能如此有效地利用时间，他在经商方面游刃有余、如鱼得水。他每天工作15个小时，每周工作6天，而到了周日，他仍会在家里不知疲倦地工作。

他无情地要求周围人做到精益求精，很少花时间去感谢别人的努力，他认为赞美会让别人占他便宜。这种行为会让其他人不够专注，降低工作效率。

弗兰克是一个非常容易紧张的人，他很难感受到内心的宁静，因此我的办公室很快就成了他的避难所。几周过去了，我可以看到他的负罪感减轻了，虽然不是很明显，但确实减轻了。这是怎么发生的呢？

内疚和自大是近亲

弗兰克的内疚程度与他想象中的自己的重要程度相当。“别人会来找我办事，我能把事情做好，每个人都知道我这一点。如果你想看红袜队[1]（Red Sox）的比赛，我可以帮你弄到票。你需要找个银行家帮忙，我可以帮你联系。我的家人知道我能解决任何危机，但这让我筋疲力尽。”

我并无意贬低弗兰克的负罪感，因为这表明他有良知，并且懂得关心他

1 译者注：波士顿红袜队是美国职棒大联盟棒球队名。

人，但通常那些负罪感过强的人会想象如果没有他们的存在，别人都会受到极大的影响。

我曾经告诉弗兰克：“总有一天，我们都会离开这个世界，无论你作何感想，没有了我们，我们的家人也可以活下去。配偶会再婚，孩子会长大成人，许多人失去了自己的父亲、丈夫和老板，但他们仍然在这个世界上各司其职、各安其事。”

一开始，这种新视角让他感到自己不再重要，但最终让他如释重负。他用内疚来强调自己的重要性。起初他觉得这个新观点使他失去了自尊，但随着时间的推移，他意识到这才是事情的真相。

我让他从缺席儿子高中的一场足球比赛开始进行尝试。3年来，他从未缺席过任何一场比赛。你猜如何？儿子艾伦（Allen）甚至没有问爸爸在哪里，我猜他会因为不用担心爸爸赛后对他的批评而长舒一口气。

过了一段时间，弗兰克才意识到他对自己的错误行为感到内疚，但是他保持一定程度的负罪感是为了支撑想象中的自己对于他人的重要性。

有些人从争吵中获得爱

多年来，弗兰克和他的妻子伊莱恩（Elaine）一直争吵不断。他们吵架、和好，然后再吵架。他们会用刻薄的语言辱骂对方，指责对方的行为，并为彼此之间缺乏联结感而互相攻讦。他们就像站在擂台上的2名拳击手，不断地互相攻击，但却始终待在一起。

他们的性生活倒是充满了激情，这是他们感受彼此相爱的唯一方式。虽然他们都渴望听到对方跟自己说上一两句柔情蜜语，但他们很少向对方表达积极的感情。每次他们有不同意见时，就会进入“冷战”模式，双方都拒绝谈论任何与争论相关的事情——他们都拒绝直接解决冲突，并且为此付出了代价。

显然，弗兰克并不喜欢亲密关系。在他的原生家庭中，争吵是家常便饭，父母双方都在争夺控制权。他的母亲经常占上风，而他的父亲则会用一瓶苏格兰威士忌借酒浇愁。现在弗兰克也如法炮制。

他父亲是一位汽车经销商，弗兰克现在拥有几家汽车商行，他在商业上非常成功，并未受到过失败家庭关系的影响。弗兰克高中毕业后在他父亲那里工作了5年。他们经常为商业战略发生争吵，弗兰克暴跳如雷，最终父亲把他从车行赶了出去。

弗兰克从此不再和他的父母说话，在此期间，他的母亲突发心脏病亡故。他的2个兄弟、父亲和大多数亲戚都把她的死因归咎于他。参加葬礼的时候，父亲告诉他的兄弟们“把他从这里弄出去”，同时对弗兰克大喊：“这下你高兴了吧？你看看你对她做了什么？”

母亲的死给他带来了极大的负罪感，弗兰克在重压之下开始酗酒，在酒吧里流连至深夜，同时情绪也变得越来越失控，不能与人发生哪怕是最轻微的冲突。情绪高度敏感是酗酒者的常见症状之一，甚至处于康复早期的酗酒者也会有此表现。

正是在这段时间里，妻子更加咄咄逼人。她的做法并没有使情况好转，她好斗的个性进一步加深了他的内疚，她的批评非常尖刻：“你已经毁了一个家，现在你又来毁我们这个家。”

他开始自己做生意，最初几年很难熬，但最终还是成功了。当然，这一切都是以他的健康和家庭关系受损为代价的。在我遇见他的时候，他体重超标、酗酒、长期缺乏锻炼，看上去远远不止42岁的实际年龄。

改变是一个主动的过程

几个星期过去了，弗兰克在咨询中开始感觉更加自在了。他很真诚，会尽量听从我的指导。他开始参加嗜酒者互诫协会（AA，Alcoholics Anonymous），找到了一位互助人，第一次戒酒坚持了4个月。在与儿子发生争吵后，他又重新开始酗酒，但最终还是通过嗜酒者互诫协会的联络人再次回到正轨。到今天为止，他已经戒酒3年了。

有一次，我建议他参加我的团体辅导课程，他立即拒绝了。“医生，我可以和你谈话。我的意思是说，我知道你不是在评判我，但我绝对不会以这样的方式把自己的事情讲给陌生人听。哪怕跟嗜酒者互诫协会的朋友们，我都从来只字不提。”

我们继续讨论他在处理人际冲突方面的困难，以及他不愿与孩子们、妻子和员工直接交流。他承认这是人际关系上的问题，我建议他可以在团体中学习如何处理这方面的问题。他决定试一试，因为他需要稳步地改善这个问题，重建自己的生活。

在团体讨论中，弗兰克学会了对他人表现出更多的共情。经过一段时间的努力后，他学会了委婉得体地表达意见而不是咄咄逼人。这对他来说很难，因为他通常喜欢把情绪堆积起来，他在直接表达的时候就会怒气冲天，不顾及任何人的感受。

一旦有什么事惹恼了他，并且他觉得自己“理直气壮”，他最终就会爆发。我经常能在团体讨论中从他脸上看出他的情绪状态。不难看出他什么时候会被某人的观点所困扰，或者什么时候会被某个人所影响。我会问他，在那些时候他的心理体验是怎样的。他会犹豫，但经过一些引导，他会表达自己的意见，并且总是担心自己会引起他人的负面回应。在他成长的环境中，直抒己见往往意味着争吵。解决冲突对他来说实际上是一种陌生的经历。

随着时间的推移，弗兰克认识到自己是很有洞察力的，因为团队成员非常重视他的反馈。他还学会接受一些负面的评论，而不再做出防御性的反应。

我记得有天早上，一位女性成员告诉弗兰克，他过于激动的情绪吓到了她，她明白了为什么他的妻子会开始反击。他并没有冲动地做出反应，而是开始流泪："我觉得自己已经取得了一些进步，但我想还有很多提升的空间。"

他是在分享自己的脆弱，而不是挥拳猛击，这的确是一个重大的改变。弗兰克缓慢但坚定地融入了这个团体。他在改变，并且他的内心强烈地感受到了这种改变。

现在的任务就是，把他新学到的人际交往技巧，以及从过去的体验中重新创造出来的新知识运用到当下。他想要重新撰写内心的虚构故事，但只有通过与生命中最重要他人的互动才能实现。

他必须与孩子们和妻子进行交谈。起初进展并不顺利，但他们每周都会坚持。他的妻子很难原谅他，但她也在努力。他的孩子们非常欣赏他的新技能，敬重他勇于做出改变的精神以及为此所付出的努力。

弗兰克已经成为我所说的灵性学习者（Spiritual Learner），他们终其一生都在寻找关于自己的真相，并且也试图了解关于他人的真相。灵性学习者积极投身于这个世界，与各种各样的人建立联结，并从所有可靠的来源中寻求意义和知识。他们致力于照顾自己的身体和灵魂，以及他们能够给予帮助的其他人。关于灵性学习者，我们将在本书第十六章中进一步讨论。我认为这是一种对我们的生活方式、健康和整体的成功至关重要的存在方式。

今天，弗兰克在嗜酒者互诫协会计划中帮助了来自不同背景的年轻人。

和过去的做法不同，他以欣赏的眼光看待持有不同信念的人，也不会让对方感到有压迫感。

他参与了当地社区的几个团体活动，对他人的看法有了很大的改变。“我向团队中的每个人学习，我可能从未想过自己会与这些人有很多共同之处。其实我们都在寻求同样的东西，那就是心灵的宁静。”

弗兰克和我所有的小组成员一样，发起了一项锻炼计划。我试着把与整体健康相关的最新科学结果纳入我们的讨论中。毫无疑问，运动改变了大脑中的化学物质，是上帝创造的最好的抗抑郁剂。

弗兰克认真对待这些信息，现在他已经坚持散步和力量训练一年多了。他现在看起来比实际年龄要年轻，与人交往时会表现得很投入，不再像以前那样沉默寡言。一位新成员最近加入了我们的小组，在参与了第一次讨论以后，她因为弗兰克对她的理解、安慰和鼓励表达了谢意。他的妻子也开始欣赏他的这些特质。

弗兰克每周仍在学习，他的努力是真诚的、持续的。他正在成为自己一直想要的样子。改变是一个主动的过程，只有采取新的行动，我们才能放下遗憾。而真正理解自己以前的行为和我们对他人产生的影响，则是进步的关键。

弗兰克现在没有那么愧疚了，因为他已经能够与妻子和成年的孩子们直接进行对话。他问对方自己给他们带来了怎样的影响，然后安静地倾听，而不是像过去那样为自己辩解。

他们原谅他是因为他们看到他的歉意很真诚，而且现在谈话中的回应方式也与之前有所不同。他变得更有耐心，更宽容，也不再那么吹毛求疵。他在嗜酒者互诫协会中有很多朋友，他决定回到大学成为一名戒酒咨询师。我们总是想要把自己如何走出困境的经验传授给别人，在这方面，弗兰克是一个最好的例子。

弗兰克的梦想是成为一名非常成功的CEO，成为一个伟大的丈夫和父亲。他实现了第一个，但为了实现第二个未竟的梦想，他就必须与他的家庭建立一种新的关系。他必须道歉，但不仅仅是承认自己的错误，他还必须培养人际交往能力来改变现状。

他开始以一种能真正增进感情的方式来与家人建立联结，尽量不去触动过去的不快。他的双胞胎儿子中的一个现在已经上大学二年级了，最近说："直到今天，我才觉得和爸爸待在一起很舒服。"

如果你饱受遗憾或未实现梦想的折磨，你可能会觉得自己毫无价值、效率低下、一事无成。你可能很难做出决定，而且很容易改变主意。当你克服了这第二个挑战，你就不再执着于有害的愿望，你就会变得自信，带着能量和勇气轻松地走向未来。

你的愿望是什么？做出明智的选择

当阿拉丁（Aladdin）找到神灯里的精灵时，他被允许可以许下3个愿望。得益于迪士尼的动画电影推广，世界各地的孩子们都梦想着，如果他们能实现哪怕一个愿望，那该有多么快乐。

那么你呢？你希望得到什么？大体来说，最常见的愿望是变得更有钱，因为大多数人相信金钱能买到幸福和自由。但如果你认真地思考一下，真正的愿望就会浮现。

我每周都能见到这样的来访者，他们希望自己从未有过婚外情，或者希望自己再多几个孩子，完成大学学业，或者希望自己从事的是另外一种职业。换句话说，他们都有遗憾。

后悔是一种破坏性的愿望，我们希望某些让我们悲伤或羞愧的事情从未发生。我们关注于过去发生的事情，将自己从现在的生活中抽离，并没有充分活在当下。后悔是一种可怕的负担。在我看来，它就像一块巨石，沉甸甸地压在我们的心上。我们会时不时地去翻动它，让它摧毁我们可能感受到的任何快乐。不要误会我的意思，我并不是对做出错误决定的人进行指责。我们每个人都有过遗憾。

我弟弟几年前结束了自己的生命。多年来我一直懊悔不已，因为我本可以做些什么来帮助他度过那段悲惨的时光。好几年之后，我才可以谈及他自杀这件事。慢慢地，我说得越来越多，因为这件事给我对现在和未来的看法带来了毁灭性的影响。那些和我最亲近的人无数次告诉我，这不是我的错，我能明白他们的好意，但我知道我当时可以做得更好。

自从他去世以后，我帮助了很多与他处境完全相同的人。我唯一能自我安慰的就是，我当时并不具备今天所拥有的知识和理解力。从过去的经验中吸取教训，采取新的行为方式，是我所找到的可以减轻遗憾、继续前进的唯一方法。

最后，我们还有别的选择吗？我们可以继续消沉，祈望过去重来一遍，但过去无法重演。但是，我们有责任在今天做出改变并学习。就像嗜酒者互诫协会说的那样：“你不必为你的疾病负责，但你要为你的康复负责。”

然而，有些人喜欢紧紧抱着他们的遗憾不愿放手。一些人甚至似乎引以为豪，仿佛他们的人生需要用所谓失败来定义。还有一些人否认自己的遗憾，但是那些令他们感到惭愧但却从未被正视的记忆片段会在潜意识中重演。令人悲伤的是，随着我们年岁渐长，人生经历愈加丰富（因此也有更多的机会误入歧途），我们会更加珍惜自己在生命中的所求，也更有可能感到后悔。

我曾治疗过许多终生痴迷于工作的人，他们在业内享有盛誉，事业成功，退休金丰厚，但到了50或60岁时却会感到深深的遗憾。一旦他们的孩子长大成人，大学毕业并且成家立业，这些身居要职的男人就会后悔当年没有时间陪伴年幼的孩子，也后悔与妻子在情感上渐行渐远。

一旦退休以后，他们工作中的、唯一重要的社交网络就被切断了。他们发现自己被家庭生活的甜蜜和温柔拒之门外，他们倾尽所有财富也无法换回在孩子们记忆中的一席之地。如果他们有自知之明，而且足够幸运的话，就可以从他们的孙辈身上找到慰藉。他们成为超级祖父母，以弥补过度忽视儿女的愧疚。他们的自由来得有些迟，但还不算太晚。

另一种破坏性的愿望是不切实际的梦想，这种愿望无论采取什么行动都不可能实现。遗憾描述的是一个尚有可能实现的愿望，而不切实际的梦想描述的是一个绝无可能实现的愿望，因为它们与现实相悖。

我想举一个令人悲伤的例子，就是我的来访者露丝（Ruth）。她是一位50岁的女性，她的梦想是走进一个房间，成为全场最美丽的女性。她极度渴望成为女性艳羡、男性觊觎的那种“绝世美人”，仅仅凭借自己举世无双的美貌就能吸引所有人的目光。

其实露丝是一位有魅力的女性。然而，这对露丝来说是远远不够的。还是个小女孩时，她就渴望自己成为“绝世美人”，这个梦想在童年时已经刻骨铭心。小时候的她是个胖乎乎的小女孩，露丝忍受着父亲和兄弟们的嘲笑，他们总会提醒她自己还不够漂亮。她很难忘记“肥妞”这个绰号。

多年来她花了成千上万美元购买名牌服装。随着年岁渐长，年老色衰威胁着露丝仅存的一点点自尊。就在那时，她的追求美丽之路变得危险起来。她通过锻炼保持正常体重——但她的锻炼时间不是30分钟，也不是1小时，而是每天至少3个小时。

最近，露丝了解到这种过于密集的锻炼可能会导致骨质疏松症，她的医生告诉她必须减少运动量，否则就面临着严重的骨质流失的风险。但她还是选择继续锻炼，宁愿骨折也不愿看到自己的体重增加。

在她的人生低谷，她并没有放弃那些不切实际的梦想，而是变本加厉。她接受了整容手术——拉皮和隆胸。这变成一场噩梦。植入体感染了，需要被取出来，但它们放置在体内的时间太长了。她的皮肤变得松弛，胸部留下了凹陷的印记。

今天，露丝无法直视镜子里的自己，每个认识她的人都认为她浪费了自己的生命去追求一个永远不可能实现的梦想。这个愿望带给她的只有心痛、疾病和毁容。事情本可不必如此。

想要从童年的消极思维中解脱出来，你并不需要成为“绝世美人”。我希望自己可以说露丝已经放下了她不切实际的梦想，但是还没有。是的，她在某种程度上可以控制自己对身体的关注；她可以成功地部分摆脱“长得丑、长得胖”的想法，专注于自己性格的其他方面。

我认为她最大的宽慰是听到小组其他成员的看法，发现他们无论男女，都很关注自己的外表。我们所处的文化中充斥着完美身材的形象，没有人能完全逃脱这种环境。

她尤其从男性成员的评论中得到了慰藉。早些时候，乔治（George）对她说，他希望她能让别人了解她。她辩解说：“但是我每周都会告诉你我所有的焦虑，我憎恶自己的身体和脸。”

“是的，”他回答说，“但你分享的只是你的执念，而不是你是谁，以及你的人生。”

随着时间的推移，露丝认识到这种执念是多么无聊，她对自己的看法有多么狭隘。她生活中新结识的这些男性与她的兄弟们不同：他们真正对她这个人感兴趣。

团体工作帮她意识到自己会在什么时候陷入执念，这对她所有的人际关系都产生了相当大的影响。她的女性朋友们已经注意到了这一点，并且更加喜欢她；她的男朋友告诉她，他终于感到她已经向他敞开心扉，不再只是“参与”她的焦虑，而且“参与”了她对生活的细微感受。

她正在成为一个更加丰富的人，不再抱有错误的信念体系。她曾经的梦想是成为布拉德·皮特（Brad Pitts）所钟爱的安吉丽娜·朱莉（Angelina Jolie），但这个梦想正慢慢被与真实的人之间真实的亲密、真正的爱和真诚的友谊所取代。

露丝曾经的梦想是“出人头地”，改写她内心的虚构故事，成为一个众人瞩目的女孩，而不是那个被兄弟们嘲笑的普通女孩。

我们常常没有意识到，我们的梦想并不是来源于我们内在的愿望，而是因为我们想要最终达到标准、足够优秀，有归属感并且被接纳。

去年夏天，我的一位来访者罗伯（Rob）打算参加高中同学聚会。他特别想向大家展示他有多成功，所以他计划当天租一辆保时捷。随着夜幕降临，他也越来越失望：似乎压根没有人注意到他用来装点门面的车。夜色渐深，他回到酒吧，在那里遇到了一个老朋友，他也觉得自己在高中时没出过什么风头。几杯酒后，同学向他坦白，自己为这次聚会租了一辆宝马跑车。最后他们一起度过了一个美好的夜晚，笑着说自己都38岁了，还会做这种蠢事。

他们继续保持联系，互相介绍自己的妻子和孩子们给对方认识。今年夏天，这2个家庭将会在一起度假。他的保时捷并没有让任何人感到艳羡和惊叹，但他找到了一位朋友，这其中的意义要远远高于让那些5～10年才见上一面的同学刮目相看。

日志问题

- 你认为弗兰克的故事有哪些方面触动了你?
- 你对他的困境有什么特别的情绪反应吗?
- 你对露丝的故事有什么认同感吗? 请做出解释。
- 你对这些故事的情绪反应是什么?
- 关于罗伯为获得地位所做的徒劳尝试,你的反应是什么?
- 你在生活中经常感到愧疚吗?
- 负罪感在多大程度上支配着你的行为和思想?
- 你看到长期的负罪感和自大之间的关联了吗?
- 你能描述一下这种相互关系是如何在你身上发挥作用的吗?
- 当你为自己的行为道歉时,是否也会伴随着行为上的改变?
- 如果不是的话,为什么你表达遗憾却没有改变自己的错误行为?
- 你是否希望能以某种特定的方式挽回过去?
- 你想在你的人生故事中挽回些什么呢?
- 你认为这会给你的生活带来什么不同?
- 你有勇气询问身边的人是否赞同你的想法吗?
- 你是否有不切实际的梦想来对你不能带来滋养的故事进行补偿?
- 你发现自己希望通过什么方式改变过去?
- 弗兰克、露丝和罗伯迫切地想重写他们的故事,以改变脆弱的自我。你有相同的诉求吗? 请解释一下。

- 你如何以建设性的方式去实现自己的愿望？
- 你认为是什么让一个人真正放下过去的遗憾和未实现的梦想，充实地活在当下？

进行实践

1. 你最近的遗憾是什么？在过去的一年里，有什么梦想是没有实现的？看看你身边的人是否认为你的遗憾和梦想是现实的，还是基于一个关于成就上瘾的错误故事。这确实会影响他们对你的看法吗？

第五章

松开缰绳，卸下重担——控制

无论一个人多么强大、富有或者权威，都会有失去控制的时候。这种失控是永久的还是暂时的，往往会受到我们个人应对能力的影响。

在面对无法预料的情况时，我们必须学会应对这种变化，并努力适应我们可以掌控这一基本信念被粉碎的生活。我的一些来访者曾遇到过这一挑战，他们经历了截瘫、失子、致残性自身免疫性疾病和意外离婚等。

有些人将失去控制视为对自我的威胁，这使他们感到困惑。有些人会怪罪上帝，尤其是在灾祸突如其来时——比如童年时期的癌症或致命的车祸——他们觉得自己是被想要报复人类的上天单独挑出来接受惩罚的那个人。克服了这第三个挑战的人学会了与命运共存，而不是纠结于过去，并且保持了自我。他们在新的境遇中开辟了一种新的生活方式。

在本章中，我将谈及我的3位来访者。他们中的一位在从高空坠落后瘫痪了，现在已经能够重新掌握自己的人生；另一位战胜了对乳腺癌的恐惧；第3位则因为在亲密关系中所遇非人而在情感上受到了重创，无法处理失控。

我还讲述了一个非常私人的故事，我亲眼目睹我母亲失去了对生活的所有控制，并最终因为失去最小的儿子这件事而重新获得了更强大的自我。讲这些故事的目的是帮助你理解，救赎总是有可能的，成功是相对于特定情况而言的。

如果你遭受了控制问题的困扰，你可能会觉得你一直在和别人战斗：他们不听你的，他们行为不当，他们不尊重你的意见或权威。你可能会觉得你的行为无法或没有改变任何事情。

你可能会有两种反应：如果你正在努力争取，可能在很多时候，你都会感到愤怒或沮丧；或者如果你已经放弃了，你可能会感到低落而疲惫。当你克服了这第三个挑战，你就能在内心变得灵活、坚韧和宁静。

勇敢的心

因为从屋顶上跌落，保罗（Paul）瘫痪了。他经营着屋顶工程的生意，所以他习惯了攀爬大楼、高空漫步和使用危险的电动工具。这一天，他赶着去看牙医。他的注意力没有集中，脚下滑了一跤，接着他就意识到自己仰面躺在了地上，呼吸困难。

大多数人都明白，在本质上，人生几乎是不可控制的。如果我们吃得好、多运动、不吸烟、好好照顾自己，我们可能会比那些不太注重良好生活习惯的人更健康、更长寿。但事实并非总是如此。即使在那些每件事都做得正确的人身上，也会有坏事发生。不吸烟的人可能会得肺癌；当年的毕业生代表可能会在企业裁员中失去工作；一个手脚灵活的35岁男人可能会从屋顶上滑下来。

最终，控制辜负了我们所有人，通常是以我们甚至无法想象的方式。我们的身体会改变，我们的家庭会改变，会有人搬家或者去世。但大自然给我们开的一个残酷玩笑是，随着我们年龄的增长，许多人失去了应对改变所需的灵活性和精力。

对新鲜事物持开放态度、努力扩大社交圈的那些人，学习能力也会增强。他们的大脑会产生新的神经元。他们觉得生活很有趣，而不是乏味无聊。他们喜欢随时随地发现新鲜事物，稍稍“调剂”一下，这与我在许多成年来访者身上看到的中规中矩正好相反。

在你的生活发生改变时，你会掸去身上的尘土，再次展翅飞翔吗？如果你对控制的基本信念被打破了，你能适应新的生活吗？你会成为一个灵性学习者，还是每日沉溺于懊丧无法自拔？或者更糟的是，你会陷入一种无助的状态？

保罗住在教堂附近，我在那里租了一个场地来开展团体活动。周五上午的团体活动结束后，我会去保罗家里和他见面，开始我们每周一次的碰面。

在一个星期五的早晨，我到得很早，当时保罗还没有到。我和罗尼（Ronnie）谈了谈，他正在戒毒，现在和保罗住在一起——不是因为保罗需要帮助，而是因为罗尼需要重新开始他的生活。因为吸毒的缘故，罗尼失业了，妻子和他离了婚，驾驶执照被吊销，大部分朋友都和他断绝了来往，他不知该如何适应自己生活的这些变化。

保罗骑着他的摩托车风驰电掣而至，这是他为自己特殊的残疾量身定制的。他是从一个湖边赶过来的，他正在那里监督建造一个可供残疾儿童举办夏令营的码头，方便他们在此学习皮划艇和滑水。去年冬天，保罗和他的小儿子在阿斯彭滑雪。去年夏天，他还和儿子在加拿大的深海钓鱼比赛中获胜。

这些成就都来之不易。事实上，保罗在事故后经历了严重的抑郁，他妻子最终提出离婚，随后的那段时间似乎是他生命中最糟糕的噩梦。

我见证了保罗的抑郁。得知他瘫痪后，我去波士顿一家医院探望了他。

他对我说的第一句话是："医生，你能相信这种事会发生在我身上吗？我该怎么办？我的生意可能会破产，我要怎么养家？这太可怕了！我不能过这样的生活！你知道我不能！"我离开他房间时哭了。在我驱车回家的路上，我感到一种深深的悲伤，我在想我怎样才能帮助保罗，而他又怎样才能最终帮助自己。

这样一位年近40岁、事业有成、拥有2套房产和一些土地的男性，如何才能承受这分崩离析的一切呢？他的妻子离开了他。2年后，他的父亲得了白血病，接着他的母亲发现自己得了乳腺癌。他觉得唯一能够理解自己困境的朋友，是他在康复中心遇到的一位截瘫患者。不幸的是，他的朋友因为无法应对截瘫的生活，不久之后就自杀了。在重重艰难险阻面前，我们开始了咨询的旅程。

我们见面的头两年充斥着悲伤、愤怒和绝望。保罗告诉我，他是多么怀念之前能走路、跑步和滑冰的时候。他的前半生都是一名体格健壮、表现优秀的运动员。他怎么才能重新开始锻炼呢？他的生意怎样才能重新恢复呢？他会让儿子失望吗？他担心自己无法教儿子打棒球、钓鱼和滑雪等。他前妻的新男友是否会取代他在儿子心中的位置？

他的脑海中充斥着种种恐惧，而这一切都是由于他对生活完全失去了掌控。我曾经见到过这种失控所带来的绝望的眼神。我弟弟大卫（David）去世的时候，我需要告诉母亲这个噩耗。当我走进家门，我一言未发。母亲抱着弟弟高中时的照片，抽泣着说："他走了，我知道他走了。"凭着强烈的直觉，她立刻知道了。她日夜为他悬心，她最糟糕的噩梦最终变成了现实。

跟母亲相比，我父亲总是似乎更加坚强。他是参加过第二次世界大战的英雄，以勇敢地面对每一次危机而闻名。然而面对失子之痛，他的精神崩溃了。他有时似乎有些神志不清，在殡仪馆里自言自语，说些无关紧要的事情，眼神空洞，仿佛已置身别处。

像我担心的那样，母亲已经完全失去了控制。她悲伤地哭泣，痛苦地哀嚎。在墓地，我握着她的手，搀扶着她走向棺木，然后她突然扑倒在上面。我把她拉了起来，担心她会和我弟弟一同躺到棺材里去。那一刻，我意识到她想要这么做。我的母亲并不是在夸张做作，只是无法承受失子之痛。她的心都碎了，她想和自己的儿子在一起。

当时我正在康涅狄格州的一所大学教书，准备开始写我的博士论文。葬礼之后，即使做不到每天都打电话，我也会经常打给父母。他们声音里流露出的悲伤让我心酸。母亲似乎越来越担心我，说话特别战战兢兢，她显然不想再失去一个儿子。弟弟的离世和父母的抑郁状态让我心事重重，无法再继续写论文，所以我决定先离职，回家陪伴他们，同时完成我的学业。

我回家之后发生了一些不寻常的事情。我原以为重新和父母住在一起会是难以忍受和令人压抑的，尤其是在发生了所有这些事情之后。事实正好相反，我和母亲进行了多次有生以来最为愉快的讨论。

当时我对阅读和学习各大宗教的内容非常感兴趣。我是在罗马天主教家庭长大的，但我一直对其他宗教的观点感到好奇。我读过犹太教、藏传佛教、印度教、道教和各种新教的经书。一天早上，我惊奇地看到母亲在阅读其中的一篇佛经。她很好奇，想了解更多并讨论其中的内容。她一直在寻找更多的意义，她对一切可能性都持开放态度，这让我深受鼓舞。

当时我正在学习武术，我看到她在后院练习一些我每天早上都会做的伸展动作。最终，她开始学习瑜伽。在我写论文的时候，她会把每一页都打印出来，总是问我一些关于人类行为理论的问题。

当然，她也会问我一些令我感到害怕的问题：“为什么年轻人要结束自己的生命？是他们父母的错吗？是我们这个社会的错吗？是什么让一个人感到如此绝望？”

我的母亲成了一位灵性学习者；她那颗破碎的心促使她尽可能多地去学习她能理解的东西。在初一时，她就辍学去工作了，从来没见过高中教室长什么模样。她不仅获得了丰富的智慧，而且保持着开放的学习态度。她可以自由地整合知识，而不拘囿于一种观点、一种宗教或一种心理学理论。

我从来没有明确地回答过她的问题。我们都接受了一个事实，那就是答案并不是唯一的。她学得越多，似乎就越不再执着于寻找一个“答案”，而是更能接受我们行为背后的许多变量。她变得不那么需要确定性，不那么关注绝对，更能接受现实生活，与现状和解。

在那些日子里，我越来越爱我的母亲了。我一直很爱她，但从来没有欣赏过她的勇气。她令我大为惊讶！当她失去控制时，我以为她会退缩到无助的境地，但恰恰相反，她比以往任何时候都更大程度上掌控了自己的生活。

失去控制往往会让我们获得控制。在我弟弟去世几年后，我母亲在59岁时因罹患乳腺癌去世。我父亲在她的葬礼上说，自己好像是在“国际联盟”，来自不同种族、宗教和各行各业的人们聚到此处。这确实是对我母亲最大的褒奖。

有意思的是，我看到同样的过程也发生在保罗的生活中——他不停地问我对恢复他的生意有何看法，如何继续承担他作为父亲的角色，以及他是否还能够开车。我们找到了一位理疗师，会训练他调整上半身的状态，让他能更熟练地驾驶轮椅。他打电话给卡车制造商，看看是否能制造出一种适合他驾驶的汽车。我们讨论了他该如何培养他的屋顶生意的合作伙伴。他最终培养了2个人，他甚至让他们把他抬到他曾经跌落下来的屋顶上去，去面对自己的恐惧，最重要的是“去完成那该死的工作”。

我们计划给老客户打电话，让他们知道他又重出江湖了。他向他儿子所属的棒球联盟的总干事询问，能否请他执教该球队。去年春天，他们赢得了分组赛的冠军，他的儿子为自己的父亲感到无比骄傲。

今天，保罗的生意非常兴旺。他每天都会去工地，每周去健身房锻炼3次。他已经可以在自己家里畅行无阻，还练就了一手非常棒的厨艺。事故发生后，他一度不再去教堂做礼拜，但现在每个星期天早上，他都会和儿子一起去。“和孩子在一起让我感觉很好。”

保罗的减法

几周前，在我们进行了一次咨询后，保罗说：“截瘫之后，我成了更好的自己。”

在当时的环境让他心浮气躁时，遭受的不幸事故让他放慢了生活的脚步并开始反思。他并不善于表达自己的感受。而失去控制可能是一件幸事。其实，它可以卸下我们一直以来都在背负的重担。

保罗非常努力地在控制着他生活中的各个方面——他的工作环境、他的妻子和儿子等。他一直认为自己在做“正确的事”。他从未意识到，在他身边，人们无法放松下来。他们担心，如果他们不像他所鼓励的那样“全力以赴”，他很容易就会不高兴，或者会让他感到失望。

今天，他学会了如何倾听，而不再以他一贯的说教方式与人沟通。他能容忍脆弱，而不是给任何有疑虑的人打气。他试着去理解人性的脆弱，在这之前，他从未考虑过。因此，人们感觉和他更亲近了，而他也和许多之前他从未感到亲近的人建立了联结。

内心深处

我曾有过与那些永远或暂时失去控制的人类似的经历。患有乳腺癌和前列腺癌的来访者，或者因为一次事故失去一个孩子的来访者——他们的眼神都是一样的。“在一切都失去控制时，我怎么可能应付得来呢？”

然后，随着情绪和想法被翻来覆去地讨论，事情开始发生变化（特别是如果有一个人或者更多的人对他们内心深处的感受表达出了兴趣、关心、真诚，特别是共情时）。至少对某些人来说确实如此：彻底的绝望转化为充满勇气的人生见解。我们可以称之为充满灵性的见解。

令他们自己惊讶的是，有些人从绝望中奋发，成为灵性学习者。他们的亲身经历，使得他们想要从任何可靠的来源去学习可以学到的一切。很可能他们的内心本身就具备这种内心的韧性，直到遭遇变故之前，他们从来都没有经历过生活严酷的考验。

我今天接待的一位来访者妮可（Nicole）在3个月前切除了双侧乳房和淋巴结。她告诉我，当时她认为自己无法忍受化疗，上帝也不允许她接受放疗。今天，她结束了第四轮化疗，头发掉了很多，但我从她的眼里看到了希望。“我很痛恨这一切，有时我会哭一整天。但跟以前不一样，我想我会挺过去的。我清楚一件事：当这一切结束之后，我将对生活和我自己有更多的追求。我想成为自己能成为的一切。我将不再压抑自己、牺牲自己来取悦所有人。我想从生活中得到更多——更多的激情、更多的亲密感和更多的知识。”

尽管我们经常会简短地通个电话，但是自从妮可做完手术后，我就没再见过她。每晚临睡前，我都会跪下祈祷，我的祷告中总会提到妮可。我祈祷她能有勇气从这次经历中挣脱出来，恢复活力和健康。我祈祷她能长寿，远离疾病。

我相信很多人也在为她祈祷；她是那种很容易招人喜欢的人。当我在她脸上看到坚定时，我的祈祷已经得到了回应。无论结果如何，她已经成为一个注定会尽情享受生命的人。

保罗、妮可和我母亲可以让我们振作起来，因为他们能以最具可行性的、建设性的方式来应对失控。他们深入思考，并超越困境，克服重重困难，以前所未有的正直和智慧重获新生。

这些结果并非出于偶然。要想在这些情况下取得胜利，就需要对自己持有一种信念，这种信念根植于我们生命的最深处。在过去的生命岁月中，有另外一个有极大影响力的人对他们说："你非常特别，并且你拥有惊人的能力。"

对很多人来说，这种积极镜映的体验并没有发生在童年，而是在之后的生活中，可能是通过友谊、亲密关系（比如婚姻）、养育经历，也可能是通过同事关系。对于许多人来说，这种体验是通过参与心理治疗，尤其是在团体辅导的经历中发生的。不管发生了什么，在这个过程中，这些个体把别人给予他们的信心加以内化吸收，并把它变成自己的信心。

爱是无法掌控的

遗憾的是，并不是每个人都能走上这样一条康庄大道，哪怕机会就摆在他们面前也可能会错过。有时，巨大的童年创伤无法完全被疗愈。我相信，如果参与者在转变的过程中能秉持着坚定的信念和投入的精神，这些变化就会发生。然而，有些人仍然会执着于自己内心虚构的故事，即使有大量的证据表明事实并非如此。

为什么会有那么多的人，在他们的生活只是暂时失控时，会让失控变成一种永久的心态呢？

我的来访者丽贝卡（Rebecca）就是一个很好的例子。8岁时她从希腊移民来到美国。她父母的婚姻生活总是冲突不断，父亲大多数晚上都会酗酒。他很少与孩子们互动，除非在他们无意中做了什么事惹他生气的时候，他才会做出反应。母亲纵容丈夫，尽量不去激怒他，独自一人承担起了料理家务和为人父母的责任。

丽贝卡的父亲对她和弟弟常有家暴，母亲只是冷眼旁观，很少加以庇护。她私下鼓励女儿不要结婚，告诉她："男人都是一样的，他们只想要一样东西。"

上六年级时，丽贝卡大部分时间都在逃课，她父母从未注意到这一点。在3月底，一位学校领导终于发现了这一点。父亲打了她一巴掌，但是父母没有一个人来询问她"为什么"要逃学，生活照旧继续下去。

一年后，她被一个邻居猥亵，但从未告诉父母，因为她觉得说了也没用。"他们只会责骂我或者不相信我的话。"从此以后，她对这个世界产生了一种愤怒的态度，认为没有人在乎她，人们基本上都是"想尽办法从你那里得到一切。"

上高中时，她几乎没有什么朋友，在第一个男朋友冷落她时，她从社区大学退学了。他经常欺骗她，最终为了另一个女孩与她分手，丽贝卡也很熟悉那个女孩，她认为对方“比我更苗条，也更漂亮”。

这之后，她就在周末大量饮酒，并且因为试图用控制体重来应对烦恼而患上了暴食症。我遇到她时，她25岁，就已经在5年的时间里看过4位精神科医生，并且服用了好几种抗抑郁药。但据她自己说，这些药几乎都没能改善她的低落情绪。

她曾2次因精神原因住院，3次企图自杀，并会通过自残来减轻内心的痛苦（自残可以释放出一种镇静剂，从而麻痹失去和被拒绝所带来的痛苦）。丽贝卡对这种方式非常上瘾。

我们第一次见面时，她在交流中表现出一种被动攻击的状态。她讲述得很少，并暗示说在此之前所有可以了解自己的方式都已经试过了。她让我知道她随时都可能自杀，还很自豪地展示了她手臂上的伤口。

在丽贝卡能够击败一个权威人物时，她的自尊显然得到了提升。她将上一位精神病医生形容为一个“药丸贩子”，看起来他自己也需要治疗。她评论他的衣着品味有多么糟糕，说他体重超标，批评他在她讲话时做笔记。我很快就了解到，丽贝卡很少会对任何人给予好评，总是强调别人如何以这样或那样的方式让她感到失望。

我们进行了几次一对一咨询。然后我试图放手一搏，让她加入我的一个团体辅导课程中。我知道丽贝卡认为自己不可爱、不值得被爱的信念是如此强烈，以至于只有团体体验的力量才有可能改变她的想法和看待他人的方式。

如今，丽贝卡在一家公司得到了一份体面的工作，每天锻炼身体，不再服用任何药物，也很少会感到抑郁。她已经不再暴饮暴食，受到团体成员的尊重（尽管并不总是被他们喜爱）。她仍然单身，很遗憾她不再尝试进入一段亲密关系。她仍然将感情视为一场控制之战。“没有平等的关系，总有人在控制，总有人占据上风。我不相信自己，我担心会让别人再次占上风，那我就将失去目前我已经得到的所有收获。”

至少在这一点上，丽贝卡不相信（或者害怕相信）在亲密关系中可以存在平等。我不知道还有谁会比丽贝卡更渴望爱情。可悲的是，她对失去控制的恐惧和她对爱的渴望一样强烈。

丽贝卡非常有见地，被认为是团体中最真诚、最直爽的成员之一。然而，她必须学会如何在不让别人感到冒犯的情况下实话实说。她加入了一个观察力很强的团体。在她言辞激烈时，不可避免地会有人给她贴上“缺乏安全感”的标签，说她看起来咄咄逼人。

有一天晚上，她非常看重的一位男性对她说，他欣赏她的洞察力和看人的能力，但她在与人交流时“就像一个狙击手”，享受着杀戮。这些互动伤害了她，让她开始防御。然而最终，她发现大家给她反馈是为了帮助她，而不是为了伤害她。因此，她平生中第一次与人建立了信任关系。她显然已经取得了很大进步：她的愤怒消散了，与他人相处的能力显著提高，也能更好地自我关照，能以一种果断而非咄咄逼人的方式处理冲突。

然而，她仍然害怕，如果自己与一位男性进入一段亲密关系，她就会失去控制权，并且可能会一直保持这种恐惧。她正处于一个人生的转折点：保住已经取得的收获，满足于有缺憾的幸福；或者冒着再次受到伤害的风险，继续成长。当然，她也可以从她从未体验过的亲密关系中获得丰沛的爱。

思想的奴役

让我感到惊奇的是，当外界环境让我们对自己的生活失去控制时，我们可能会激发出一种创新精神来寻找解决方案，最终可能会让我们走向自由——从情感压抑的梦魇中挣脱出来，并且打破根植于内心深处的、虚构的自我观念的桎梏。

人们经常问我，在面对众多来访者的人生悲剧时，我如何才能保持乐观的心态。是保罗面对这个世界的态度让我相信，任何逆境都是可以被战胜的。我知道这可能听起来有些幼稚，但我确实相信，站在硬币的这一面，会比秉持丽贝卡所执着的观点要健康得多。

我仍然在和丽贝卡一起工作，因为我认为她有一天还是有可能会重新书写她的整个故事。她的伤口终将可能被治愈，她会敞开心扉，投入真诚、温柔而高尚的爱人的怀抱。放下控制，我们往往就会收获爱。

日志问题

- 关于保罗的故事，哪一方面让你产生了联想？
- 面对他所遭受的这种失控的痛苦，你觉得自己会如何应对？
- 想象一下，假以时日，你能像他现在这样从容应对吗？
- 你对灵性学习者这一概念有何反应？
- 在生活中，你是否需要过度的控制？
- 如果是这样的话，执着于控制对你的自尊或自我价值起到什么作用？
- 关于自己在不切实际时还坚持控制的目的，你有哪些新的认识？
- 关于丽贝卡想到失控时就会感受到的恐惧，你有什么类似的体验吗？
- 过去什么样的伤痛会让你紧紧地抓住掌控感？
- 你将如何改变你的人生故事，从而摆脱对控制的过度需求？
- 你对控制的需求与成就上瘾有什么关联？
- 你对控制的需求与完美主义有什么关联？
- 你对控制的需求是如何影响你的亲密关系的？
- 你对控制的需求如何保护你，因为你对他人缺乏信任？
- 你是否曾经足够信任一个人，以至于让一切都“顺其自然”？
- 如果你放弃控制权，把弱点暴露在一群人面前，你会是什么感觉？
- 你是否感觉这太危险了，难以想象？为什么？

进行实践

1. 在不久的将来，在哪一方面失去控制可能对你影响最大？试着进行发散思维，做出即兴回答。

2. 向跟你亲近的人表达你的情感，分享你的脆弱，做好计划直面这样做时内心产生的恐惧。

3. 注意分享情绪会如何减少我们对控制的需求。

第六章

直面绝望，继续前行——恐惧

如果你终日心怀恐惧，人生就会变得艰难。你可能会试图用食物、酒精或其他成瘾物质来抑制自己的恐惧。你可能会沉溺于看电视或玩电子游戏，疯狂地工作，服用精神类药物或安眠药来转移自己的注意力。

你可能会不停与人约会（或者频繁结婚），因为你一直在寻觅一个能最终消除你的恐惧的人。但是除了你自己之外，没人能做到，所以你就继续寻寻觅觅。你有很多能给予自己安全感的办法，但没有一个能一劳永逸。

如果你克服了这第四项挑战，就会获得自尊，同时会更有意愿与这个世界产生联结。你会放松下来，远离压力，变得快乐。

你知道你的厨房储藏室里藏着一种致命的食物吗？

你听说过每年死于禽流感的人比死于酒后驾驶事故的人还多吗？

一个45岁的女人在杂货店里被枪杀的概率，比她能找到一个丈夫的概率还大，这会让你感到困扰吗？

你能否意识到在上面这些描述中，没有一件事是真实的？

我们已经习惯了被恐惧攫取的生活，以至于大多数人都已对此麻木不仁。每次我们打开电视的时候，那些注水的统计数字、虚假的比较和新闻摘要就扑面而来，对我们进行狂轰滥炸。这些倒都很容易处理，原因很简单，我们选择不听就可以了。

还有一些强烈的恐惧来自童年经历，在个人经验中习得，或者受到社会规范的影响。最终，我们都会面对死亡所带来的恐惧。有些人早早就开始关注自己会在什么时候走向死亡，而一个内心惶惑不安的人每天都会在不同程度上等待某种终结：信心和自我价值的丧失，最终是身体的消亡。

有些人会像掸去头皮屑一样将恐惧轻轻拂去，而另一些人则让它生根发芽，开花结果，直到处于恐慌的无边汪洋之中。可以想象，如果在你内心深处有一个植满恐惧的花园，它会让你的情感瘫痪，你将无法感受到自由。

对自己缺乏信心也可以反映出你有多么恐惧。有些时候，你会理所当然地感到害怕：比如深夜，你听到隔壁传来窗户被打破的声音。但内心充满恐惧的人会在遇到冲突或不确定的情况时也感到害怕，因为他们认为自己缺少能够控制局面的个人资源。难怪人们普遍感到恐惧的一件事就是当众演讲。

当恐惧被任意留置在黑暗中时，它就会肆意生长，你必须根除它。如果你不去处理自己的恐惧，就必须用防御来掩盖它们，而这需要耗费能量。长此以往，你只会将各种防御结构互相堆叠。

最终，你甚至会在恐惧和防御所带来的分心和疲惫中失去自我。这就是为什么有些人很难跟自己独处，也可以部分解释为什么人们会暴饮暴食、吸毒或酗酒。

在独处时，我们会思考。而如果我们害怕那些可能会浮现到意识表面的东西，我们就会使用药物把它们塞回原地。所以我们试图不跟自己的思绪独处。这就是恐惧为何会让我们停滞不前：它会摧毁我们梦想、计划、行动和爱的能力。

本章从心理防御和精神的角度探讨了第四种挑战——恐惧。在这里谈到了恐惧的根源：一些恐惧是从童年经历中形成的，一些是通过经验习得的，还有一些则受到了社会规范的影响。

除非我们能克服这一挑战，否则我们就会生活在持续的情绪混乱中。我通过3位来访者的例子来描述克服恐惧的过程。奥利维亚（Olivia），她人生中大部分时间都生活在害怕被遗弃的恐惧之中；儿子在一场自行车事故中意外身亡后，迈克尔和洛莉（Michael and Lori）这对夫妇的生活又走上了不同的精神轨迹。

在我们第一次见面的时候，迈克尔和洛莉向我提出了这些问题："如果你在一次意外中失去了一个孩子，你的余生怎么会不感到惴惴不安呢？如果上帝居然允许你最小的孩子在一个人迹罕至的死胡同里骑自行车时无辜地死于非命，你怎样才能再信任他？你怎样才能不杞人忧天地度过余生？难道你不会在每次有好事发生的时候认为悲剧即将随之而来吗？如果你对来世毫无信心，生命还有意义吗？"

他们不知道的是，无论作为个人还是专业人士，之前这些同样的问题也曾经在我的内心盘桓过。我能想象到的世间最悲惨的事情就是失去自己的孩子，其次是瘫痪。但是正如你们在前一章所读过的，我已经见证了一些人战胜这两种悲剧。

然而，当我在听迈克尔和洛莉倾诉时，情况似乎又有所不同。他们的儿子是少年棒球联盟的明星运动员，成绩优异，还在教堂担任祭坛侍童。亲属和邻居们都很喜欢他。

事故发生的时候，他正在他们居住的小街道上骑着自行车，这时一辆载着碎石的卡车转过街角。天开始下雨，司机没有看到对面骑过来的小男孩。他的卡车侧面撞上了吉米（Jimmy）和他的自行车，他摔倒在人行道上当场身亡。据说这名司机因而深陷抑郁之中，内心充满了罪恶感，在事故发生6个月后，他被送进了精神病院。

迈克尔和洛莉去医院看望了司机。他们不忍心让他内疚，告诉司机，他们并没有把这场悲剧归罪于他。警察告诉他们，从警方的角度看，这起事故并不是由于司机的疏忽造成的。在潮湿的路面上，卡车的轮子有些打滑，这个街角又是一个急转弯。很可能是因为吉米的个头太小了，所以当他试图转弯时司机根本没看见他。

上帝何在?

迈克尔在年轻时曾就读于神学院，希望成为一名天主教牧师。最终，他对自己的学业不再抱有幻想，转学到了波士顿学院。在那里，他觉得自己可以继续学习神学，但不必从事神职工作。

在他和洛莉相遇时，她被他强烈的信仰所吸引。她认为他们是天造地设的一对，因为即使是在天主教学院，也几乎没有哪位同学看起来是如此接近上帝，和她的信仰如此契合。

在他们结婚之初，她仍然这么认为。有了孩子以后，他们每个星期天都会带2个儿子去教堂。洛莉教授宗教研究，生活似乎完全按照他们的计划在有条不紊地前进。迈克尔毕业后在一家小出版社找到了一份记者的工作，洛莉在他们家乡的一所学校教一年级。

他们被视为模范家庭，会花很多时间参加教会活动，并且加入了几个委员会。迈克尔甚至抽出时间给吉米的少年联盟棒球队当教练。练习和比赛时，吉米的弟弟布莱恩（Brian）也会跟着，给他们递水，希望有一天能加入哥哥的球队。事故发生时，吉米9岁，弟弟7岁。

出乎意料的是，我的堂兄夫妇和迈克尔、洛莉住在同一条街上，所以我对这场悲剧非常熟悉。在听说了他们热心参与社区活动和所付出的关爱之后，我祈祷我能以某种方式帮到他们。

我继续为这种机会祈祷，事故发生几年后，我接到了迈克尔的电话。他和洛莉一起来参加我们的第一次讨论，滔滔不绝地提问。谈到那次事故时，他们都哭了。她抽泣得不能自持，我也很难再保持镇静。

在会谈的某一时刻，他们并没有过多谈论儿子的亡故。他们在谈论自己的婚姻正面临破裂。洛莉向教堂寻求慰藉，而迈克尔则完全拒绝了教堂。她不相信在这个关键时刻，他会背弃上帝。“你接受的所有教育，我们在约会时你告诉我的一切……现在我们的生活出了问题，你却对上帝完全丧失了信心。”

好一会儿，迈克尔都没有回答。他是如此绝望，思维运转得似乎非常缓慢，这与重度抑郁的症状非常相符。他鼓起勇气说了一句非常深刻的话：“你们的上帝，我们的上帝，或者说任何一位上帝怎么会允许一个无辜的小男孩就这样死去呢？请告诉我，仁慈悲悯的上帝怎么会允许这样的事情发生呢？”

他们会来回争论，但很显然，洛莉日益亲近她的教堂，而迈克尔却与教堂渐行渐远。正是在这个时候，我建议迈克尔参加我的团体活动。我有一种预感，迈克尔可能无法恢复对上帝的信仰，一个他无法触摸或看到的存在，但我认为他或许能够恢复对人类的信心，并最终建立对自我的信心。

你必须要有信念

对迈克尔来说，进入团体的工作很困难。他后来承认：“一开始我只是想扮演一位好成员的角色，然后我意识到，当我开始越来越信任别人的时候，我不应该再伪装下去了。后来我决定告诉他们吉米的事，从那时起，我开始觉得自己产生了归属感。”

其实大家都很想知道迈克尔为什么要加入他们——他看起来很敏感、很聪明，可以毫无困难地用语言表达自己的想法。他的情绪很低落，但是大家以为他天性如此。

一天晚上，讨论话题转到了恐惧上面。一位团体成员谈到他担心失去母亲，因为母亲最近中风了。另一位成员提到他的母亲被诊断出患有早期阿尔茨海默病。他和母亲关系非常亲密，不仅担心她的生命，而且想知道自己是否也存在罹患这种疾病的风险。

一位女士说自己今年37岁，单身未婚。她害怕自己会孤独终老，她最担心的是她可能永远不会拥有自己的孩子。最后，一名男性成员谈到他对自己与年幼儿子的关系感到担忧。他离婚了，前妻搬到了相距2个小时车程的康涅狄格州。她已经搬去和男朋友一起住了，而他担心儿子的成长，同时想知道在距离这么远的情况下，怎样才能维持父子之间的亲密关系。

在这个时候，迈克尔开始哭泣。“别担心。只要他还活着并且你努力了，你们就不会疏远。他会知道你是在乎他的。”

立刻就有人问他说“只要他还活着”是什么意思，一位女性说：“这是一个多么令人悲伤的想法。”

迈克尔回答说：“那也不会有失去儿子那么令人悲伤。”然后他开始慢慢倾诉自己的故事。

在场的人都没能忍住眼泪。所有的男人都泪眼婆娑，而在场的女性要么是在哭泣，要么就是尽量控制自己的抽泣声不让它打断迈克尔的讲述。他全程都在哭泣，艰难地讲述完了整个故事。

那天晚上。他并没有把所有的细节都说出来，当然后来他都说了。但是他已经开始讲述了，他又重新开始与人建立联结。他感受到了自己的痛苦，也能看到别人对他的深切关心。他失去了对宗教的信仰，但正在以一种不同的形式重新获得集体归属感。

第二周，他又来了，他对我说："这是我第一个星期没有在大汗淋漓中醒来，也不再害怕入睡。我还睡了好几个小时，不用担心自己再也不会醒来。"

对迈克尔来说，一种信仰被另一种信仰所取代了。在这个过程中，恐惧在某种程度上被消解了。

信仰和怀疑

随后，迈克尔开始重新找回一些因儿子去世而崩溃的自信。与人相处时，他总是有点沉默寡言。迈克尔出生在一个高学历家庭，一直受到严格的管教，因为害怕被纠正，他抑制了自己想要表达的欲望。即使现在，他仍然能听到母亲在他耳边说："你的语法不正确，你用词不当……"

他的2个姐姐学业优异，迈克尔则被母亲冠以"梦想家"的称号，意思是他似乎总是致力于找到事物的意义，而不是仅仅满足于功课得"A"。

他的老师们给他贴了个古怪的标签，觉得他不像其他同学那样循规蹈矩。他经常会向老师提问题，他会使得他们有挫败感，因为迈克尔经常会做白日梦，只读他自己感兴趣的东西，而不是做老师布置的家庭作业。

这种情况一直延续到高中。他的父母威胁说要把他送到寄宿学校，但他在高三的时候表现不错，所以他们也就听天由命，让他在家乡读完高中。

迈克尔参加了一个教会青年组织，他与一位来自爱尔兰的年轻牧师建立了密切的关系，直到今天，他仍然非常珍视这段关系。这些年来，在迈克尔的爱尔兰天主教大家庭中有几位成员都成为牧师。他认为牧师可以自由地帮助人们，研究他感兴趣的社会问题。当他周日上午在圣坛上担任祭坛侍童时，内心也会产生一种非常特殊的感觉。

回想起来，迈克尔意识到他对做牧师感兴趣是因为他想尝试自由地了解上帝，并且接触他的教区牧师那样伟大的导师。他也意识到，这个选择可以帮助他摆脱对女性的焦虑。“我一直羞于请女孩子出去约会，甚至也不会让任何人知道我对谁有好感。我总是觉得自己会被拒绝。”

他还相信自己可以通过担任神职来摆脱母亲的控制。“我知道，如果她能告诉亲戚们我在神学院上学，她就会暂时还我清净。”在开始学业之后，他变得越来越失望，因为他发现天主教太过刻板和拘泥。年长的牧师和他不同，他们似乎对自己的信仰非常坚定，也不愿意接受别人的观点。他曾希望得到更多的思想自由，但令他沮丧的是，在这里，他的愿望落空了。

一年后他离开了神学院，转到波士顿学院。在那里，他在一门关于世界宗教的课上遇到了洛莉。他和她在一起感到很舒服。她很健谈，而且他们有着共同的信仰。他会和洛莉一起讨论有关信仰和精神的各种问题，而不用担心对方会对此话题望而却步。他就此克服了对女性的恐惧心理，她不会给他带来任何压迫感，而且她对他的兴趣使得两人更容易接近彼此，这是他从来没有预料到的。

未曾想到的是，之前共同的宗教信仰让他们的关系变得紧密，但在吉米死后，这却成为他们夫妇争论的焦点所在，甚至因此走到了离婚的边缘。有句古老的谚语说："真正的信仰来自怀疑。"迈克尔的怀疑威胁着洛莉的信仰体系，他的想法加重了她的恐惧，而不是帮助她减轻恐惧。

悲剧带来的机会

要使你的生活不被恐惧过度攫取，你必须深深地相信自己。你不可能靠自己来培养和保持这种自信，只有肯定性的关系才能增强你的自信。遗憾的是，悲剧会在某个时刻降临大多数人的生活。如果我们没有经营好自己的人际关系，就很难有足够的韧性来应对这些变故。适应性强的人通常会保持着一个日常社交网络，并相信自己可以对生活中发生的事情产生影响。他们将改变视为一种能让人生更加圆满的挑战，而不是一种无法战胜的威胁。

从本质上说，他们相信当前的行为可以弥补缺憾。悲剧并不是我们想要的，但它确实提供了一个机会，可以让我们探寻真实的自己、我们真正的信仰以及我们去哪里找寻意义。我的一位来访者将生命中的这些时刻称为悲剧带来的机会（tragetunity）。

这对痛苦的父母将如何解决他们的根本分歧？我们进行了夫妻治疗，谈论他们的不同观点和他们对彼此的失望，我们努力在他们之间寻找相同点。

他们的共同之处最终成为讨论的焦点。他们都害怕面对以后的生活，害怕失去最小的那个儿子。他们变得过于小心翼翼，也为年迈的父母感到担心。一天晚上，洛莉说："我无法忍受再失去任何一位亲人，再参加一次葬礼我会崩溃。我只是不想再让自己想到棺木和刻骨的悲伤。"

如何应对丧失？

迈克尔和洛莉在勇敢地寻找应对的方法。洛莉求助于她的传统宗教信仰，迈克尔则认为自己拥有了更多的精神力量，弱化了宗教信仰。他参加的团体治疗为他创造了一个不同类型的团体，后来他把它称为自己的“学习小组”。

“我在小组里的体验不仅帮助我承受了吉米的去世带来的打击，还让我成为更好的自己。我增进了对人性的了解，可以在与人交流时不再总是自我批评。最重要的是，我知道如果我能真实地表达自己，敞开自己的心扉，我的恐惧就会烟消云散。这不是可以一蹴而就的，需要付出很多努力，但我已经恢复了对生活的兴趣。我不再感到害怕了。”

迈克尔开始相信，关系可以带来精神力量。“在你的帮助下，一群陌生人聚在一起开诚布公地交谈，最终走出痛苦和压力，成为更强大的人，这让我感到非常惊讶。”洛莉也抱有同样的信念。她并不仅仅从宗教信仰那里得到宽慰。人们陪她走过每一个阶段，在她最害怕的时候聆听她、给她希望，看到他们关爱的面容，同样能给予她深切的慰藉。

她的信仰当然是至关重要的，但同类给予了她所需要的安慰，让她继续生机勃勃地生活。迈克尔的感受也是一样的。洛莉很难接受迈克尔对上帝失去了信心，但她也能理解他为什么如此关注能够带来精神力量的人际关系。她知道如果没有身边人的拥抱和安慰，她就不可能重获新生。

有一个古老的故事，据说来自几年前的一次嗜酒者互诫协会的会议，是关于一位神父、一位牧师和一位拉比[1]之间的一场辩论。他们在谈论宗教和灵性的区别。听着这3个人滔滔不绝地讲了一个小时之后，一位元老站了起来，

1 译者注：犹太教传教士。

请求发言："我不知道你们3位为什么如此小题大做。事情其实很简单：有宗教信仰的人是那些害怕下地狱的人，而我们这些灵性修行者已经去过了地狱，然后又重返人间。"

无所畏惧地活着

今天，迈克尔和洛莉做出了很多改变与和解，并且如果没有这场生活中突如其来的悲剧，他们从未考虑过会冒险做出更多的尝试。他们也选择了新的职业方向。在经历了许多悲伤和痛苦之后，他们决定带着激情和创造力继续生活。他们摒弃了过去的自我认知，不再用自我牺牲来取悦他人。

自从初次怀孕，洛莉就一直在与自己的体重做斗争，她从未能够坚持锻炼或健康饮食。在针对她的健康饮食和养成锻炼的习惯进行工作之前，我关注的是她对更好地自我关爱这件事的抗拒。事实证明，从她第二次怀孕开始，她就在暗中怨恨迈克尔。她胖了很多，认为这使他对自己失去了兴趣。她的证据是，他很少对她有亲密的举动，他们夫妻间的性生活几乎为零。

她暗自怀揣的心思导致她情绪低落，更多地摄取高糖食物，而这些食物又无法为她锻炼提供充足的能量。在我们对她的想法真实与否进行检验之前，这个恶性循环一直在持续。

迈克尔强烈否认他对洛莉失去了兴趣，但是他确实坦承，洛莉不断地抱怨自己的体重，以及在年幼的布莱恩面前不断地流露出的消极情绪，使他非常反感。"每次穿裙子的时候，你都会大声抱怨，但却拒绝锻炼或做任何建设性的事情来解决问题。"

她无法否认他的说法，其实在听了他的解释之后，她松了一口气。最终，她和迈克尔都决定振作起来。他们跟我谈到，他们还有一个儿子，需要为他保重自己。而不能让他再为父母担忧，这只会加重他对未来的恐惧。他苦苦思念着哥哥，并怀疑哥哥是否真的去了天堂。他们买了一台跑步机，开始在周末一起去远足。（这也证明他们达成了和解，就在几周前，他们还认为对方是无法改变的。）

由于他们双方都有勇气，并能致力于个人成长，他们找到了人生的方向，这在以前是无法感受到的。他们彼此更加亲密无间，而且夫妻生活比以往任何时候都更加和谐。所有这些变化都来之不易，随着恐惧的消散，他们的内心也得到了成长。事故发生以后，他们满怀恐惧。但在今天，他们几乎没有时间去考虑可能会出现什么问题，因为他们专注于做正确的事。

有趣的是，迈克尔和洛莉关于宗教的激烈争论，起初引起了很大的恐慌，但最终却让他们对彼此产生了新的尊重。宗教信仰的差异带来了战争，却也引领彼此去尊重不同的观点。最后，他们发现了彼此信仰之中的共同之处。

最初他们觉得难以驾驭这种冲突，后来却发现了彼此的一个共同点，那就是对爱都有了全新的定义和体验。他们对彼此的爱更深了，这种爱已经达到一种新的高度。这让他们确信，无论以后面临多么悲惨的境遇，他们也一定能携手共渡难关。这种爱基于对彼此的深切了解，而不是他们幻想中的对方的样子。这种爱不会让他们对对方横加指责，也不会对恐惧屈服，无论外界如何变换，爱都会让他们勇往直前。

在我们当今的文化中，人们最大的恐惧之一就是失去爱。

怀着恐惧的爱——奥利维亚的故事

奥利维亚（Olivia）今年42岁，不久前才随着大学毕业的女儿从英国来到美国。因为她的丈夫有外遇，她的第一次婚姻在结婚4年后以离婚告终，她的丈夫最终离开了奥利维亚母女。

在移民到美国2年之前，她与62岁的商人拉尔夫（Ralph）再婚了。在第一次婚姻中，他有2个儿子，都已成年。奥利维亚是一位有魅力的、受过良好教育的女人，她的机敏和才华让人印象深刻。她和拉尔夫在伦敦工作时相识，他是股票分析师，她是女装买手。

她在乡村长大，是家里4个女孩中最大的。她说自己的父亲“几乎是个偏执狂”。他朋友很少，却有很多怪癖，告诫他所有的孩子们要小心谨慎，千万不要冒险。他的座右铭是要和熟悉的事物待在一起。尽管有其他更好的工作机会，他还是在同一家机械厂工作了35年之久。他的社交能力非常有限，奥利维亚的母亲承担了大部分为人父母的职责——参加学校活动、陪孩子玩游戏等。

她的母亲非常依赖别人，她害怕一个人冒险走太远，只有邻居开车送她去做礼拜时才会去教堂（尽管教堂离家只有1英里远）。她的母亲经常向奥利维亚抱怨自己的丈夫和所有的男性。

因为来到美国之后情绪抑郁，奥利维亚打电话来要求咨询，现在的情形跟当初拉尔夫所预料的并不一样，对此她很失望。他想远离孩子和前妻，相信在美国到处都是机遇。

拉尔夫非常看重经济，他经常谈到他们的收入加起来可以使两人过上富足的生活。奥利维亚在工作6个月后被解雇了。拉尔夫因为减少了这笔收入而极度沮丧。尽管如此，在这段时间内，他还是购买了一辆昂贵的跑车，还添置了一些其他家庭娱乐设施。

奥利维亚现在又开始工作了，每周都要出差，拉尔夫也很高兴他们的财务状况看起来很好。事实上，他们有很多存款，但拉尔夫总是在担心收入问题（这里有一点成就上瘾：将钱等同于爱和尊重。不幸的是，奥利维亚觉得自己有责任取悦拉尔夫。）

他们的年龄差距是个问题，因为他即将退休，他越来越担心他们无法维持目前的生活水平。拉尔夫当着我的面对奥利维亚说，希望她"能够在不久的将来挑起家庭经济的重任"。

奥利维亚对自己的困境感到沮丧，但她很少和拉尔夫提及这一点。"他是真的爱我，还是他说爱我，只是因为我能挣来他想要的东西？"她总是担心，如果她指出了与别人的任何分歧之处，对方就会因此而离开她，这种担心不是仅仅针对拉尔夫。在打电话回家时，她对父母的反应也是类似，总是担心如果坚持自己的愿望就会失去他们对她的爱。

很多时候，她似乎并不知道自己生命中想要的是什么。她经常试图从别人那里了解他们想要什么，怎样才能取悦他们，什么才能够维系他们对她的脆弱的爱。

奥利维亚是参与团体辅导的理想人选，因为她将有机会通过直接表达自己的恐惧来改变这种破坏性的固有思维。她的焦虑是由人际关系造成的，我认为这些焦虑可以用同样的方法消除。她显然需要学会在别人面前表达自己，但这个挑战对她来说将是一座非常难以逾越的高山。尽管如此，她还是愿意勇往直前。

尽管害怕失去别人的爱，奥利维亚仍然是一位非常勇敢的女性。她会坚持不懈，尤其是在她觉得那些指引者值得信任并且始终如一的时候。我们建立了非常积极的关系，我知道在关于什么对她有帮助的问题上，她相信我的判断。

神经科学家已经证明，当人们感到安全时，就会产生催产素，这种激素能给人以温暖和亲密的感觉。当人们有了这种体验之后，他们更有可能会直接表达。奥利维亚就是这种体验的典型代表。

开始的时候，奥莉维亚很矜持。她非常焦虑，试图取悦别人，确保她能照顾到每个人的情绪，而不会反对任何事情或任何人。令她惊讶的是，她的努力在团体中并未奏效。一开始她收到的反馈会让她感到不安，但最终促使她的情感开始飞速成长。

鲍勃（Bob）是团体里情感比较细腻的一位成员。一天晚上，他很委婉地对她说："奥利维亚，我知道你在做什么，因为一直以来我也一样。你非常害怕失去别人的认可，所以你很少透露自己的事情。这种感觉就好像你不是为自己而来，你只是来取悦我们的。你总是试图确保没有冲突，没有异议，谈话是安全的。"

那天晚上她感到受伤，在会议结束时，她哭了。但在第二个星期，她又来了，并开始试着打开自己。她对我们说出了自己并不自信，并且怀疑父母是否真的爱自己，她还表达了对婚姻的疑惑，并描述了自己害怕被人拒绝的强烈恐惧感。

其中一位团体成员说："她该怎么办呢？我们知道奥利维亚内心深处相信人们会像她父母那样对她。她不信任别人，觉得别人都会抛弃她。那么她该如何解脱呢？"

另一位成员说："我太吃惊了。我们都是有能力、有才华的人，但没有一个人可以自在地做自己。我想知道要改变这一切，奥利维亚能做些什么，我们大家都能做些什么。”

我回答说：“找出我们自己内心故事的真相，是我们都需要做的事。我们都是带着偏见步入成年的。我们需要了解关于我们是谁的全部真相，通过参与这个团体活动，我们都一致朝这个方向努力。举个例子来说吧，奥利维亚真需要如此小心翼翼地对待别人吗？所有的成年人都会像她父亲一样拒绝她吗？我们只有以对方想要的方式与之相处，我们才会被爱吗？爱是那么肤浅，那么善变的吗？灵性学习者能有勇气从所有可靠的来源中为自己或者他人找到真相。”

莎朗·贝格利（Sharon Begley）在她那本见解深刻的著作《训练你的心灵，改变你的大脑》（*Train Your Mind, Change Your Brain*）中，仔细分析了许多心理学家和神经科学家对藏传佛教僧侣所做的研究。这项研究证明，新的体验会改变大脑，而可以提高安全感的情境会减少歧视和偏见。

我想补充一点，对于自身的偏见也是可以改变的。一天晚上，在奥利维亚从英国探亲回来以后参加团体活动时，一个重要的改变发生了。这个例子可以很好地阐明行为的改变将会如何引起神经化学物质的变化，而这种变化则会逆转旧有的思维模式。

奥利维亚在团体中受到批评，因为她总是试图取悦别人，不断为她的沟通方式道歉，经常做出自我贬低的评价。奥利维亚如此行事的一个原因在于，这样会减少她对批评的恐惧。因为这样，她就可以在别人有机会批评自己之前先展开自我批评。

布伦特（Brent）是一位比较强势、喜欢实事求是的成员，他发现奥利维亚的风格令他恼火。他想让她“畅所欲言、不要再装好人、有话直说”。奥利维亚离开了3个星期，在她回归时，布伦特在团体讨论的一开始就谈论自己在商业地产生意中所关心的一些事。无论是他还是其他人都没有询问奥利维亚此行如何。

他们知道她很害怕见到父母和兄弟，因为她最近在电话里和他们起了冲突。在她返回英国之前，她曾在团体讨论中提及她对家人的失望，但没有人询问她。她又一次感到自己被拒绝和抛弃了。

随着团体讨论继续进行，我能看出来她开始变得不耐烦了。我问她的感受如何，她一开始转移了话题，但突然发现自己又回到了老样子，于是她改变了话锋。“你们都想让我说出自己的想法，不要害怕冲突，有话直说。好吧，我想啐你一口，布伦特。你用老生常谈的话题主导着每一次讨论：一切都围绕着你。你抱怨你的雇员、你的妻子和你的女儿。我们每周都要坐下来，专注聆听你的故事。你们甚至都懒得问我这次旅行的事，事实上你们没有一个人问过。我觉得你们是一群以自我为中心的伪君子。”

我从没见过奥利维亚像那天晚上那样愤怒。我看得出来，她说完后很想收回自己的话，但她忍住了。布伦特有些敷衍地道了歉，她马上又回敬了他一下。“你现在只是在挽回面子。你并不在乎我，甚至连表面功夫都懒得做。”

其他人也道了歉，但是仍然不清楚他们为什么没有询问她关于旅行的事。在一周后的团体讨论里，一名成员一开始就询问奥利维亚她在上一周讨论结束以后有什么感觉。“一开始我感到内疚，但后来我意识到，我一直以来都在隐藏自己的真情实感，总是害怕别人会离开我。好吧，如果你们都想让我离开这个团体，我宁愿离开也不愿继续假装下去。”

乔伊斯（Joyce）也是那种难以直接表达自己、容易感到内疚的人。她告诉奥利维亚，自从上周以来，自己感觉和她更加亲近了。她说，她苦苦思索为什么没有询问她回国之旅的情况。“我无意指责你，奥利维亚，但是我知道如果我问了，要得到真实的答案就像拔牙一样困难。你总是努力让每件事看起来都那么美好，但让你敞开心扉吐露心声的过程确实会让人沮丧。上周你说得一针见血，又一语中的。我觉得自己就像躲在你背后的啦啦队队长，我意识到自己也要学会站出来。”

每位团体成员都一个接一个地告诉奥利维亚，听到她如此直接、如此热情地表达自己的感受而没有道歉是多么令人振奋。奥利维亚得到了她始料未及的回应。大家的反应与她的父亲不同，她父亲不允许在家庭中谈论任何事情，而成员们的反应则表明他们之间的关系更加紧密了。

那天晚上成为改变的开端，奥利维亚在她生活中的各个方面都延续了这种改变。与丈夫、家人、朋友和同事相处时，她变得更加直截了当。在她脸上可以看到活力了，不再是心事重重、孤立无助的样子。我相信，在某种程度上，她在团体中感受到了充分的支持，所以她能够有勇气前行，而不再像之前那样总是感觉到恐惧。

奥利维亚通过一种不同的关系模式改变了自己的神经化学物质。在释放应激激素时，我们无法感到精神振奋，这就是奥利维亚现在感到无比轻松的部分原因。

高质量的人际关系是保护我们的大脑和免疫系统的一种天然方式。奥利维亚永远不会忘记那个晚上，她的内心开始突飞猛进地成长，使她对生活更加自信，不再怀有过多的恐惧。

日志问题

你的日志记录日益增多，你的故事也在发生着改变！

下面是你需要考虑的一系列问题，这些问题将帮你厘清恐惧在你生活中所扮演的角色。试着立即做出回答，不要预先编排你的答案。从本质上说，放弃一些控制，你的反应会给你带来更多启发。记住，和亲近的人分享你的日志是通向内心自由的关键。

- 你对迈克尔和洛莉的故事有何反应？
- 他们生活中的哪些方面让你感到恐惧？
- 我们在很小的时候就对这个世界产生了固有的安全感或恐惧感。是谁影响了你的观点？你是如何习得这种安全感或者恐惧感的？
- 你是否觉得自己陷在过去的故事里无法自拔？或者你觉得自己可以通过跟更为客观的人进行新的学习来抛却你所害怕的关系？
- 在大多数情况下，我们对上帝的印象在生命早期就已经形成。如果你相信上帝，那么你认为他/她是体贴世人、宽宏大量的，还是严格苛刻、刻板教条的？他/她的本质是怎样的？
- 你对上一个问题所写的是来自童年时期对上帝的看法，还是你在成年后才开始持有的现在的立场？
- 你怎么看待只有我们有能力进行质疑，才能产生真正的信仰？
- 在与他人意见产生根本分歧的时候，你有多大的容忍度？
- 你会担心如果承认别人的观点比自己更准确，自己就会被轻视吗？

• 如果可能会使身边的人感到不悦，你是否会害怕继续坚持你的信仰、价值观或愿望？

• 如果是这样的话，你是如何形成这种思维模式的？

• 你在多大程度上害怕人们只是因为你的行为或外表而爱你？

• 你能理解奥利维亚从恐惧走向自信表达的过程吗？

• 你是否经常害怕说出自己的想法？什么人或情境会让你产生这种恐惧？

• 如果想要重新改写你的内心故事，这会引起你内心的恐惧吗？如果确实如此，为什么呢？

• 如果重新改写虚构的内心故事，你预计自己的人生会发生什么样的改变？

• 什么是你害怕放弃的？请做出解释。

进行实践

1. 告诉身边的人现在你生命中最大的恐惧是什么。

2. 寻求帮助来确定这种恐惧对你的生活造成的影响有多大，并且寻求帮助来应对这种基于真相或者错误思维方式的恐惧。

第七章

读懂弦外之音——亲密关系

对于幸福感和人生满意度的第五项考验是亲密关系。亲密关系是我们进入另一个人的个人世界的能力。70% 的美国人表示“美好的生活”取决于自身的人际关系。

在最基本的层面上，亲密关系驱动着我们所做的一切。为什么我们如此在意自己的外表和地位？我们追求这些，是因为我们相信它们会给我们带来爱或尊重。克服这一挑战的关键在于发现如何从我们自己的内心激活亲密和爱，而不是依赖这些肤浅的指标。

亲密关系是如此重要，但是我们中的许多人在创造或维系亲密关系方面却表现得非常笨拙。这种亲密关系的能力表现在几个方面：1）能够自我关爱；2）可以进行直截了当的沟通；3）对成熟的性有一定了解；4）明白自我和他人是相互关联的。本章详细论述了亲密关系这一最重要的挑战。以斯科特和丽塔（Scott and Rita）为例来说吧，这对夫妇拥有一切：金钱、尊重、快乐的孩子、美满的事业和活跃的社交生活——但他们缺少亲密感。因此，他们觉得自己的人生并不成功。

和大多数夫妻一样，丽塔和斯科特的问题源自他们在相遇之前就各自存在的行为模式和心理问题。

婚姻是一个可怕的放大镜，一旦夫妻双方把困扰自身的问题带入伴侣关系，那就可能会带来毁灭性的后果。通过解决他们亲密关系的问题，斯科特和丽塔挽回了濒临破碎的婚姻，在婚姻和家庭中都变得更加强大。

如果你受到亲密问题的困扰，你可能会觉得没有人爱、不被欣赏和感到孤独。你可能会容易轻信别人，也可能不敢敞开心扉。你可能会觉得自己不需要任何人，或者觉得不需要将自己的感受告诉别人。

克服了第五个挑战之后，你就会更爱自己，也更有能力去爱别人。你所有的人际关系，包括家庭、工作和友谊都会得到提升。你可能会发现和孩子之间关系更加亲密，婚姻得以挽回，并且重新与他人建立起深层的关系，身体与心灵都会更加健康。

随便在哪个游乐场上观察一群孩子，你都能看到他们之间能够迅速建立友谊，分享秘密，无须约定规则就能一起参与复杂的游戏。这就是亲密关系。在一个纯洁无瑕的灵魂里，这都是与生俱来、唾手可得的。

对成年人来说，亲密关系会变得更加困难。我们都会带着自身的恐惧、控制、期望、遗憾和不切实际的梦想（实际上是我们带着偏见的整个内心故事）进入亲密关系，因此对孩子们来说易如反掌的简单分享，成年人却难以做到。亲密关系也许是对幸福和生活满意度最严峻的考验。虽然亲密关系如此重要，但是我们中的许多人却无力去创造或维系真正的亲密关系。

从种种迹象中，我们可以看到亲密关系的匮乏，这可能会令人惊讶。例如，我相信你一定听说过一句老话：只有爱自己，或者至少能接纳自己，你才能去爱别人。在爱和关心他人的过程中，我们往往最容易忘记自我关爱。

自我关爱不仅仅是心理层面的，它还包括合理饮食、锻炼身体、释放压力、做有意义的工作，以及其他让我们保持身心健康的事情。如果自身状态不佳，我们就无法好好照顾别人，或者和他们一起享受人生。如果我们无法自我关爱，就可能会给我们的伴侣、亲密的朋友和家人带来灾难性的后果。它影响着我们生活中的方方面面。

真正的亲密关系会让我们真诚地与他人交流自己的思想、想法、梦想和计划。这意味着在性生活中敞开自己，并与你的伴侣交流彼此的欲望。衰老给我们的性生活带来了新的挑战，了解激素变化带来的影响至关重要。对于大多数夫妻来说，这是一个很大的困惑。尤其是男性，他们常常将妻子因为绝经期和围绝经期所分泌的激素水平变化而导致性欲的变化，归结为对方个性的原因。尽管不是普遍情形，但是男性睾酮水平较低也会产生巨大影响。

共情是理解和保持亲密关系的关键。没有共情，我们就无法准确了解他人的品格——对方有多么真诚、正直和富有责任感——这些都会确定并增进人际关系。没有共情，我们就会对人一概而论，或者将其归结为对方个人的问题，所以会经常造成不必要的紧张和矛盾。共情让亲密关系变得更有力量和持久，即使在最艰难的境遇中也是如此。

对着星星许愿——理想之爱

在长期的情感关系中，我们可能会慢慢感觉不堪重负，以致失去了我们曾经拥有的激情。一开始，我们以为自己确确实实爱上了这个人，但点燃最初爱恋之火的却往往是不切实际的期望和梦想。

通过斯科特和丽塔的经历，我们将了解到一对夫妇如何从离婚边缘走向从未想象过的亲密。丽塔和斯科特的成长经历都比较痛苦，在此我们就不再详述细节了。

正如斯科特所说："我们都拥有来自过往的不愉快的感觉和回忆。我们遇见了对方并且相爱，以为我们已经找到了治愈的良药，可以将我们受到的所有伤害都抛在脑后，以为对方能解决我们的匮乏感。"

随着时间的推移，对方能让自己感觉"完整"的期待落空了，因此斯科特和丽塔把他们的不满归咎于对方。丽塔酗酒，斯科特暴食：两人都变得不快乐。

最终，他们来到我的诊室寻求帮助。他对她的酗酒感到不满，她也对他显著增加的体重和由此导致的健康问题心怀怨愤。他们都有高血压的症状，胆固醇水平也高于正常值。

两人在高中时都是运动员，到大学时还在继续锻炼。丽塔在大学校队踢了2年足球，然后在她大三的时候搬去和斯科特同居，后来就退出了球队。现在，尽管丽塔晚上还会喝酒，她每天还是会进行锻炼，但斯科特几年前就放弃了锻炼，理由也很陈词滥调："我工作太忙，手上事情太多。"

自我关爱——他人的关爱

每当我提到自我关爱会极大影响长期关系的质量时，那些夫妇们经常会感到惊讶。我们是否能够自我关爱对我们生活中所有重要的人都会产生影响。

体重和外表显然是个敏感话题，因为关心的动力或许只是来自理想之爱，而不是因为关心伴侣的健康。比如说，丽塔在抱怨斯科特的体重增加时，他立即认为她的想法很肤浅。"你只是不想让我丢你的面子，都是为了你的自尊心。"

丽塔很难做出回应。她生命中有相当一段时间都在与体重作斗争，她知道谈到这个话题时，人们可以变得多么肤浅。连她自己都会怀疑自己的真实意图。她是为他的“啤酒肚”感到尴尬，还是真正地关心他的健康?

她希望能和一个积极锻炼的人一起慢慢变老。她喜欢高尔夫和游泳，还在秋天参加了一个女子足球联赛。无论如何，饮酒损害了她的健康。我提醒她，女性每天如果饮酒超过一杯的话，罹患乳腺癌的概率就会越来越高，但是她给了我另一个熟悉的借口 :“但是我每天都会锻炼。”

我们有无穷无尽的阻力和借口不去养成自我关爱的健康习惯。关于营养和运动的信息，我们比其他任何文明国家都多得多，但我们国家的肥胖率是最高的。为什么？仅仅靠教育是不够的。了解自我的本质对自我关爱是至关重要的。如果在内心深处，你对自己缺乏信心，这终将体现在你的日常习惯中。

这与你受过多少教育，有多聪明，请了多少私人教练都没有关系。如果你不相信自己，对自己成功应对变化的能力没有信心，你最终会畏缩不前，也无法成为亲密的伴侣。一旦富有责任感的人们意识到这种斗争不仅影响到他们对自己的认同感，还会影响到自己身边亲近的人，他们往往就开始踏上学习和改变的历程。

丽塔和斯科特并不是在结婚之后才否认自己的坏习惯，这是因为他们对自己缺乏信心，在整个人生中，他们一直在与这个问题进行抗争。互相指责使他们陷入僵局。只要我们相信其他人应该为我们的应对方式负责，我们就会深陷泥潭。

在婚姻中，人们很容易会采取这种立场。“要是她给我做早餐就好了，那样我就有时间锻炼了”，或者“要是他偶尔帮帮忙，我就可以去跑步了”。

这些抱怨是基于我们应对婚姻不满的独特方式。我经常说，我们之所以结婚，一个潜意识的原因就在于要找个替罪羊来为我们的不安全感负责，希望对方可以掌管我们苦苦挣扎的部分。

早在遇到配偶之前，我们的应对方式就已经确定了。我最近遇到一位正在经历离婚诉讼的女士，她说在健身房的时光可以拯救她。她已经决定，用自己能做到的最好的方式来应对，而不是坐在摇椅上，指责即将成为前夫的那个人无精打采。最近有研究表明，锻炼对抑郁和焦虑所产生的积极影响不可估量。一些研究甚至指出，有氧运动比抗抑郁药更为有效【请参阅约翰·瑞迪博士（Dr. John Ratey）的《运动改造大脑》（*Spark*）一书了解更多细节】。

在我仔细分析了斯科特和丽塔应对冲突的独特方式之后，他们表示理解了自己的行为所带来的后果，事情就开始朝着更加平衡的健康方向发展。尤其是在双方都承认他们正在损害孩子的发展之后，变化尤其明显。

"当我……你还会爱我吗？"

披头士乐队（Beatles）的那首歌，说的是担心随着年龄增长可能会失去爱情，而这是一个许多美国人在婚姻中都普遍为之焦虑的问题。斯科特问了一个关键的问题来测试丽塔对他的爱，而丽塔没有给出一个很好的答案（至少她模棱两可的回答让他有了继续暴饮暴食的借口，以此来报复她肤浅的观点）。其实她很关心他的健康，然而，因为他们之间有太多的嫌隙，直到解决了他们许多隐忍的怨恨之后，才会发现这一点。

在失去信任时，我们往往只流于关注表面。如果我们觉得配偶没有聆听我们的情绪，或者在对方那里我们并没有得到特别的对待，我们就会很难过，最轻微的冒犯也会引起强烈的反应。

丽塔和斯科特非常容易对彼此发火。有天晚上，我说即使在我批评他们之后，他们对我的态度也比对彼此的态度要好。如果我给予他们反馈，他们就会表达理解。而如果是他们彼此给予同样的反馈，一场争执就在所难免。

他们几乎没有接受过如何处理冲突的训练。在他们的成长过程中，没有人给他们树立过良好的榜样，所以他们对如何建设性地解决分歧都不知所措。两人尽管都精明强干，却对这种进退两难的局面感到困惑。

和许多有能力的人一样，他们认为单凭智慧就足以解决彼此之间的困境。因为他们不太相信情感，经过了相当长时间之后，他们才理解和承认，在情感领域，自己也需要引领和指导。

我不能听见你的想法

丽塔和斯科特彼此嫌弃了太长时间，他们很少站在一个开放的立场去听取对方的意见。一个人说话时，另一个人会翻翻白眼或深吸一口气，表明内心的不赞成。他们都自以为熟悉对方，认为对方说的都是老调重弹。“亲不尊，熟生蔑”这句话对他们两个人都适用。人们有一个错误的假设：一旦和某个人一起生活了相当长时间之后，就会对他了如指掌。这种观点是危险的。

斯科特对于丽塔如何看待他体重的解释就是一个很好的例子。他并没有意识到，自己最害怕的就是她的爱是完全建立在外在形象基础上的。他憎恨自己无法控制自己的体重，也鄙视自己用情绪化饮食来应对生活中的压力。

丽塔惊讶地意识到，由于我们一起所做的努力，她和斯科特越来越亲近，她觉得他更有魅力了，尽管他的体重并没有减轻多少。自己被排斥的情绪歪曲了她以前的观感。尽管她对他很少有特别的感觉，但也惊讶于自己对他的感情原来是如此之深。她晚上用喝酒来缓解被排斥的感觉。

从本质上来说，当伴侣变得疏远，彼此不再抱有特殊的感觉，斯科特所面临的个人困扰也愈加严重。两人都觉得对方不爱自己，而这与事实相去甚远。要让彼此的心意得以表露，他们需要停止假设并开始学着去了解对方。

章节标题

一开始见到丽塔时，斯科特就很确定她是哪种类型的女孩。他说："毕竟，我知道她是在一个富裕的城镇长大的。她的父亲是一位律师，母亲做生意。她踢过足球，还是一流女生联谊会的成员。"

这就是我所说的章节标题（chapter headlines）。它们让我们得以瞥见一本书或生活的部分内容，但除此之外就乏善可陈。或许是因为他们的渴望太过强烈，或者对自己接近他人的能力缺乏信心，有些人会仅仅看章节标题，而这是十分草率的，会给他们带来伤害。

而丽塔则认为斯科特是一个"来自明尼苏达州的路德教徒、棒球明星，身材高大、个性随和，连一只跳蚤都不会伤害"。

我经常会询问伴侣们最初对彼此的第一印象是什么，而这些认知往往预示着潜在的困难。斯科特被一个形象所吸引，一个能提升他社会地位的人。作为一个来自中西部小镇的乡村男孩，他感到很拘束。他在第一次会面时告诉我，他不像丽塔那样有文化，"我的父母都是简单淳朴的人，全然不像丽塔的父母那样见过世面"。另一方面，丽塔很喜欢斯科特看起来很怡然自得，"非常悠闲。他看起来很自在，没有我在成长过程中所背负的那些包袱"。

在一段关系中，那些最初吸引我们的东西，最终却可能遭到我们的厌弃，这是不是很有意思？在早期的治疗过程中，斯科特抱怨丽塔，认为她太自以为是。“她与人说话时态度倨傲。那要是她的父母真是大人物呢？”而丽塔已经厌倦了斯科特在职场上的不思进取。“他似乎无意上进，如果他当时努力争取的话，他现在可能已经当上副总裁了。”

他们读了这个爱情故事的封面，浏览了章节标题，但是却错过了故事里最深刻的内容。心理治疗为他们提供了在更准确的水平上能够真正了解彼此的希望，并看看这种“了解”是否能重新激起爱情，挽回他们正在考虑解散的婚姻。

未曾说出的故事

在我们开始解决他们的困难时，我们可以清楚地看到，他们为之互相指责的许多事情早已存在于他们的人生中。就像斯科特所说，他们把所有的伤痛和未解决的过去投射到伴侣身上，然后他们会无意识地期望对方能抚平自己过去的情感伤痛。

他们都希望对方用爱的灵药来抹去他们的童年，抚平过去的伤痛，改变他们对自己的看法，而不是通过自身的努力来改写内心故事。

正如我之前所提到的，在潜意识层面，人们结婚的原因之一就在于要找个人来为自己负责，为自己的脆弱、恐惧和不安全感负责。在这个过程中，我们之中许多人意识到这个愿望是不公平的。在健康的人际关系中，人们会更少地对他人寄予厚望，更多地关注自身成长。在如胶似漆的缠绵之后，斯科特和丽塔很快就坠入了爱河。他们以为自己已经重获新生，一切都会很好。

性关系极具欺骗性，因为随着身体的亲密和随之而来的神经化学物质变化，会让我们误以为自己真正了解了对方。不久之后，真正的爱情之旅宣告开始。就像许多令人伤感的爱情故事一样，斯科特和丽塔在感情上一路顺风顺水，直到他们有了孩子。

我们的新家庭会让我们想起自己在原生家庭的遭遇。孩子们遇到的每一个发展阶段都会让我们想起自己在同一时期的经历。弗洛伊德曾说过，只有两种方法可以治愈神经症——接受心理分析和养育孩子。

孩子们会迫使我们去反思和回忆那些深藏在我们内心深处的经历。为人父母给我们提供了一个机会，能得以持续不断地通过我们的孩子探寻自身的过去。我们对自己创造的故事有了新的看法，也又有了一个机会来检验它的有效性。

随着时间的流逝，我们会慢慢认识我们配偶的真实模样。我们所幻想出来的那个人，那个能治愈我们、让我们变得完整的形象消失了，失望很快就接踵而来。

据说，在我们新婚之夜的婚床上至少有6个人：新娘和她的父母，以及新郎和他的父母；当然除此之外可能还有其他人。我们都带着自己的过去和所有的固定认知模式（积极的和消极的）来到现在。我们指望新发现的爱情来拯救我们的过去，但这是不可能的，很多人却无法接受这个现实。

那些无法在婚姻中达到最深层次的亲密关系的人，经常会归咎于对方，认为自己是受害者。他们要么诉诸离婚，要么就通过酗酒、吸毒、婚外情、超负荷工作以及其他逃避型的生活方式来发泄自身的失望和不满。

最近，斯科特看望了他年迈的、生病的母亲，丽塔也开始去探望父亲。随后不久，她父亲就因患绝症去世了。他们和父母在情感上都很疏离，在我的鼓励下，他们决定去面对父母，免得以后追悔莫及。

他们返回“犯罪现场”，想看看能否在某种程度上解决问题。他们双方的父母都不知道为什么他们突然又开始建立联系。在探望中并没有进行任何深刻的对话，但斯科特和丽塔都以自己的方式面对了各自不安全感的根源，并带着更大的同情心和宽恕离开了家。他们开始从不同的角度看待父母，认为父母本身也缺乏安全感，掌握的人际交往工具也十分有限。

斯科特对此评论道："自从我学会了如何以不同的方式与人相处，我就能看到我母亲的能力也非常有限。我觉得她并不知道如何去谈论感情或任何非常私人的事情。"丽塔和她的父亲之间也有类似的经历："你可以在他眼中看到关切。他想说些什么，但就是说不出来，然后他就会转而询问一些有关总统竞选的问题。"

他们不再感到受伤，而是开始发展共情，去理解父母每一次回应或者没有回应的根源。我们小时候不可能拥有这个层次的洞察力，但在我们成年后就有了新的机会。

由于能够把对彼此的积怨放在一边，他们了解到彼此在走入婚姻之前所受的伤害有多深。他们对彼此更为同情，也从更加感性的层面上意识到，改变长期养成的行为习惯是多么困难。

从自己的父母那里，丽塔和斯科特都未曾以一种直接的、有建设性的方式获得过认可，所以他们也不知道如何给予别人这种认可。通过得体而又直接的表达，他们重新开始欣赏对方。在理解中，他们抛弃了旧的习惯，有勇气去尝试新的行为举止，而在此之前，他们并不敢去承担这种风险。

在他的吻里

我记得有天晚上，我问他们是否还会接吻，他们立刻显得很焦虑。最终斯科特回答我："我们第一次见面时就激烈地做爱，但是乐在其中。我不记得我们有多久没接吻了。随着时间的推移，我们只是会在早上离家时敷衍地亲一下，但仅此而已。"

丽塔说现在接吻的感觉太不舒服了。她不知道为什么，但觉得这几乎就像是"一切都要重新开始"。我们谈到激情之吻的亲密感时，斯科特意识到他非常生气，所以无法去亲吻丽塔。"我只是积攒了太多的怨恨，我无法想象亲吻你的情景。"

这句话是这对夫妇建立更紧密关系的开始。这不是一种仅仅建立在性爱基础上的关系，而是一种新旧冲突得以解决的关系，这样亲密关系才能继续存在。他们不能激吻，是因为多年来都被各种误解困扰着。

他们终于愿意开诚布公地解决他们之间许多尚未解决的冲突。直奔主题虽然一开始有些令人不悦，但却为一个新的开始创造了条件。他们有勇气解开过去的心结，重新理解对方，继续携手前进。

缓慢而坚定地，他们开始对彼此满怀爱意，因为每一种怨恨都得到了解决，或者说至少得到了理解，亲密关系的能量得到了释放。一天晚上，我看到他们俩手牵着手走进候诊室。鉴于在几个月之前，他们还只是通过各自的律师传话，这是一个相当不同寻常的时刻。

在丽塔和斯科特的故事中，为了疗愈过去的伤痛，他们都采取了勇敢的行动。在各自陈述自己的弱点时，他们都对彼此产生了共情。他们开始不将其归咎于个人性格原因，不再那么自以为是，开始抱着开放的心态去聆听对方。他们共同作出的这些努力，加深了彼此之间的了解。

他们不再囿于不现实的期望，这只会令人极度失望，他们开始相信自己可以从对方那里切实地期待些什么。归根结底，他们爱上的是对方的性格，而不是一个神话般的信念体系。

他们知道初次见面时，对彼此的渴望蒙蔽了他们的双眼。正如斯科特和丽塔所了解到的，渴望会造成盲点：我们会短暂得到满足，但是长此以往会感到失望。他们有足够的勤奋和毅力去承认自己的错觉，并为自己不切实际的期望承担责任。

他们开始意识到彼此将不断地“互相了解”。对于人类的心灵来说，没有什么是天荒地老、一成不变的。如果我们内心在不断成长，就不会停下变化和发展的脚步。

我在《共情的力量》一书中写道，在我们做爱时，我们会触摸对方的身体。但只有感受到共情的引领时，我们才能触及心灵和灵魂。丽塔和斯科特触动了对方的灵魂，在这个过程中，他们也触动了我的灵魂。他们不断提醒我，如果一个人有勇气成为灵性学习者，就可以改变自己以及与他人之间的关系。

每当和一位寻找爱情的年轻人坐在一起，我就会倾听他们的盲点，那是一些带给丽塔和斯科特如此多的不适和痛苦，却又未被他们察觉的渴望。下一个故事为我们提供了一扇窗户，让我们得以窥见一种熟悉的、但又性质稍异的渴望。

遥不可及的恋人

吉娜（Gina）是一名34岁的女性，她总是跟一些不能或不愿做出承诺的男性恋爱。她最终追求的往往是那些一开始对她很有兴趣的男性，但慢慢地他们会给出各种借口，告诉她为什么他们不得不取消约会，也不会告诉她其实另有女友。对那些明显没有亲密能力的男人，吉娜很难抽身而退。

她来找我是因为最近的一段恋情让她情绪一直很低落。她感到很不满意，但又不想就此结束。这名问题男友雷（Ray）另有一位女友，但他告诉吉娜，他们已经分开了。他想尽快结束这段感情，因为他非常喜欢吉娜。

10个月过去了，他依然是这套说辞。他仍然和那个女友在一起，还是会在和朋友们在城里玩够了之后，晚上10点或11点打给吉娜，问他能否来过夜。她当然会同意，尽管她的理性判断告诉她不应该同意。然后她会在床上“感受到他的爱”，并不断地对这套说辞的不同版本信以为真。我慢慢帮助吉娜退出了这段关系，结果却发现她开始了另一段类似的关系。

吉娜是3个女孩中的老大。她的母亲对丈夫低眉顺眼，但却对吉娜特别挑剔。她的父亲是一个相当冷漠的人，喜欢独自待在地下室做木工。他向家人明确表示，下班后和周末的时间，他更喜欢自己待着。他在当地一家电力公司工作多年，几乎没有朋友，大部分时间基本不和别人来往。

吉娜发现父母之间没什么感情，34岁的她是三姐妹中唯一一个还没有结婚的。她说她两个妹妹的婚姻都不幸福。“我可不想落到她们那样的境地，完全被自私自利的丈夫控制着。”妹妹们的孩子都尚年幼，吉娜很享受做她们的阿姨带来的乐趣，但她也害怕去想可能永远都不会拥有属于自己的孩子。她是一名职业女性，是大家庭中唯一一个大学毕业的。尽管如此，她还是感叹道：“明天我宁愿放弃事业，也想要个自己的孩子。这是我此生想要的一切，我怕我会成为一个永远没有自己孩子的老处女。”

飞蛾扑火

吉娜很不情愿地参加了我的团体辅导课程。我们就她是否有可能参加已经讨论了好几个星期，但她总是感到很紧张，不想冒险。过了一个星期，在又一次不欢而散之后，她告诉我不管做没做好思想准备，她想加入团体讨论。我告诉吉娜，大家在团体之外的行为模式会逐渐在团体中显现出来。比如说，如果你习惯于在人际关系中扮演被动的角色，那么你会因为其他人似乎在关系上占主导地位而心生愤懑，这种模式会在团体体验中一再重复。

吉娜以一种非常讨人喜欢的方式加入团体讨论中，绝不触碰任何人的忌讳。最初有几名团体成员（男性女性都有）也是这样，所以他们很快就辨识出来了这种风格。

在几次会面过后，一位团体成员告诉吉娜，他想知道在一段亲密关系中，她到底能坦诚到什么程度。她对这一说法感到很惊讶，并要求对方做出解释。“我只是想知道你是否能放弃‘好女孩’的人设，说出你的真实想法。”

吉娜很惊讶，因为这种说法并未激起她的愤怒。这是一位令她尊敬的成员，并且她知道他是出于关心才这么说的。同样单身的他试图告诉她，对于一个想要建立深切而真实的关系的人来说，她试图取悦他人的行为反而会令人不快。

此后不久，当她试图更坦率地表达自己的想法时，她提到了自己对其中一名成员的好感。但这位成员承认，在他生命的这个特殊阶段，他不想和某个女性发生任何关系。他们会在团体讨论开始前反复打趣，吉娜“迷恋”上了一个小组中最不适合谈恋爱的男人。

其他一些单身男性评论说，如果她对他们有好感，他们会很兴奋。史蒂夫（Steve）是一名42岁的离异工程师，他说：“如果你对我说这句话，我会把你带到停车场，载着你四处兜风，可你偏偏选了那个对你最不感兴趣的人。我想你是来对地方了，吉娜。”

这段经历最终给吉娜上了很生动的一课，说明她是如何陷入一段关系的。她挑选的那位男性喜欢独处，不怎么擅长人际关系，也不太愿意对他人表示认可。

她在重返犯罪现场，试图解决她和父亲的关系，试图通过一个看起来像她父亲的男人（在她心目中可以帮助她重现过去的男人）来重写她的故事。她最终会从一个孤僻的男性那里得到关怀和爱，通过重新创造类型相似但结果不同的关系来解决问题。

她以前从未如此清晰地看到这种模式。一开始她很尴尬，以为别人都了解她的行为，只有她自己不知道。她的故事的现场演绎为吉娜提供了她迫切需要的洞察，帮助她审视自己的动机。这段内心经历给她留下了非常珍贵的印象，最终使她有勇气对男性采取不同的策略。

我在团体中不断重申，我们都太主观，无法准确认识自己，所以我们需要从那些能客观地看待我们的人那里获得反馈。在一个建设性的团体中，我们会随着时间的推移达成客观的共识。

过于迅速的亲近

最近，吉娜来参加团体讨论时很是兴奋：有位男性确实在追求她，这次跟之前那些男性都不太一样。他年纪偏长，在婚恋网站上给她写信，他们开始了对话。然后他们一起吃午饭，之后她连续5天都跟他见了面。“他很执着，总是给我打电话、发短信，每天晚上都想见我。我想知道他是真想见我，还是这家伙有问题。”

成员们鼓励吉娜放松心态：“不要草率下结论。”有些人不清楚吉娜是不喜欢被人追求呢，还是这个人表现得非常饥渴。

慢慢地，她开始越来越享受这种关注，但随着他们越来越投入，他的占有欲也越来越强。他不喜欢她周五下班后出去喝酒，不明白她为什么一定要和女性朋友们一起吃饭，也不喜欢她去看红袜队的比赛。她越来越不舒服，最后做了一件很不寻常的事。

她去了他家，告诉对方自己不想伤害他，但她认为他并非真正关心她，与其说是关心，还不如说是他需要去关心和控制某个人。他非常生气。她回家后，他连着好几天都给她留了语音信息，还发送电子邮件，他辱骂她，说她不成熟，以自我为中心。她结束了这段关系，跟他划清界限，并且在这个过程中不再感到内疚。

“一开始，我喜欢这种关注（很少有人对我痴迷），但我意识到，这是渴望再次掩盖了事实真相。我要么会选择那些不能做出承诺的人，要么选择那些需要承诺的男人。”这次情感遭遇之后，吉娜并没有感到沮丧。

她开始对男性更有信心，开始理解自身的价值，因为团体成员会以一种她不太习惯的方式表达对她的重视。她开始相信他们的反馈是真实的。她明白，当她得体地表现出自信时，她会受到尊重，而不是被拒绝。我确信，她终将迎来一段从未体验过的浪漫关系。

和丽塔和斯科特一样，吉娜打开了通向亲密关系的大门，有勇气面对过往历史的真相。正如我们已经讨论过的，我们都是用带有偏见的笔撰写了内心虚构的故事，而找出你是“谁”以及人际交往的真相，是一个崭新的真实故事的开始。这是能让亲密关系更为持久的唯一方法。

日志问题

- 斯科特和丽塔的故事中，哪一部分引起了你的情感共鸣？为什么？
- 对他们为获得持久的亲密关系所做的努力，你有类似的切身体会吗？如果是的话，阐述一下。
- 你自我关爱的能力对你与配偶 / 恋人的亲密程度会产生重要影响，你同意这一观点吗？
- 衰老过程是如何影响你表达爱意的方式和在性方面的感受的？
- 伴侣的衰老是否会影响你对他 / 她感情的深厚程度？
- 你认为责备在大多数亲密关系中都自然而然会存在吗？它在你们的关系中会发挥作用吗？
- 你是否曾经很容易陷入爱河又很快抽身而退？如果是的话，你对此有何理解？
- 你很少觉得自己能爱上一个人的全部吗？如果是，你对此有何理解？
- 描述你的故事中那些妨碍你维持亲密关系的非理性信念的部分。
- 在和配偶或恋人单独相处时，会比你们在公共场合更舒服自在吗？如果是这样的话，为什么？
- 你会在哪一方面认同吉娜的故事？
- 当你觉得他 / 她不尊重你的时候，你能给他 / 她设立一个适当的底线吗？如果不能的话，为什么？
- 你明白你试图在恋爱关系中重新建立的、以期消除童年伤害的情感模式吗?

• 描述一下你从父母那里接受爱的方式。你对此感到满意还是失望?

• 描述一下你所看到的同性父母表达爱意的方式。

• 你觉得自己在关系中的行为模式与此类似吗?

• 共情在你的恋爱关系中扮演着怎样的角色?

• 你认为自己会拥有持久的爱吗?解释一下。

• 如果你结婚了或者进入了一段关系,你觉得自己爱伴侣的本质、品格和他们真正的灵魂吗?

• 他/她爱你真正的灵魂吗?如果不是,你可以描述一下是什么阻碍了更为深沉的爱意吗?

进行实践

1. 描述你对完美恋人/配偶的幻想。

2. 在你的日志里记录下这个人会给你的人生带来哪些你所缺失的东西。与你的恋人、配偶或密友讨论一下另一个人满足你渴望的可能性。

3. 记录下在你的渴望中,有多少与你想试图重写你的故事,但却又不想通过自己的努力有关。从本质上说,你是在通过别人而不是自己的努力来寻找治愈良方吗?

第八章

赠人玫瑰，手留余香——群体

如果你孤身一人，可能会在需要帮助时无处求援。或者，你可能觉得自己不属于任何团体、种族、宗教或文化。当你克服了这第六项挑战，你的负疚感和不安会减少，你会不断在这个世界获得归属感。

延伸到外部世界的亲密关系是这最后一个挑战的重点。如果你寻求内心的自由，就必须融入社会。我不是建议每个人都志愿加入和平部队（Peace Corps），但你要找到一种方法，在任何一个可能的层面上与人建立关系。至少，这意味着去打开你的视野、思想和心灵，了解世界上存在着的诸多不平等。我们需要意识到这样一个事实，即某些社会、文化和组织创造了奴役他人的体系。

世界上许多伟大的精神导师会谈论个体在文化和社会中所扮演的角色。社区是由个体创造的，但它又为所有个体提供了支持，将其整体提升到新的高度。这是一个美丽的心理悖论。问题在于，我们大多数人都给自己的社交圈设定了限制。社会关系为我们提供了一个平台，让我们能够走出去接触世界，平衡地取得成就。

在佛教文化中，一个人只有在导师和僧伽（一种精神团体）的帮助下才能提升到更高的位置。这个团体包围着你，支持着你，允许你通过爱和理解上升到最高的层次——涅槃。

在美国，践行了密切人际关系和佛教所说“互即互入”[1]（inter-being）的社会团体成员最为长寿。这些社团包括中西部的路德教（Lutherans）和犹他州的摩门教（Mormons）。心理学家则认为，这些社团成员的长寿部分是因为他们彼此依赖，从小就被教导要互相关爱。他们的共情能力很强，允许别人分享他们最深刻的内心体验。在群体中建立最深层次的关系可以把大家团结在一起，让所有人的心灵都得到升华。

我将要讲述的詹姆斯（James）的故事与这些精神团体的故事有类似之处，他是我最具凝聚力的一个团队辅导项目的成员。他是一位锐意进取的商务人士，饱受完美主义的折磨。公司副总裁因他粗暴的管理风格将他降职，他最终因此患上了严重的抑郁症。

在参与团体活动的那段时间，他得知自己罹患了绝症。最初他不愿意谈论自己的病情，但在2007年去世之前，詹姆斯和其他成员分享了他内心的恐惧。在这个过程中，他们仔细地聆听他的讲述，不做任何评判，给予他支持也不让自己迷失其中。他们帮助他减轻了悲伤和痛苦。

詹姆斯去世以后，大家共同倾诉了失去他的悲痛之情。一名成员说：“每个周五我参与团体讨论的时候，总能听到他的声音在耳边回响。”毫无疑问，团体活动让詹姆斯受益匪浅，但更有意思的是，由于对詹姆斯的共同悼念，这个团体变得更加强大，关系更加紧密。面对其中一位成员的痛苦和疾病，我们借由在悲剧面前产生的集体力量变得更为强大。

詹姆斯的故事让人感到吃惊，还因为他一开始对团体体验并没有抱太大

1 译者注：互即互入，佛教华严宗教义之一，意指万物彼此依存，互为一体。

期望。他本来打算只参加几周的，结果却成为异乎寻常地投入的资深成员。

“养育一个孩子需要全村的力量”这个说法现在已经过时了。这个故事提醒我们，每一个孩子、每一个成年人以及每一个灵魂，也会对这个群体起到提升作用。

过去有多重要？

心理学科普文章经常谈及认知行为疗法的优势和积极心理学的新发现，而原来的精神分析学派则让来访者躺在沙发上，对他们的过去进行彻底分析。新的心理疗法浪潮更加强调个体的力量，不再那么重视个体的过去。而更为传统的分析疗法则认为，有必要了解过去在潜意识层面的意义，从而让来访者摆脱内心的痛苦。

詹姆斯是一个脾气暴躁但心地善良的人，他经常在团体中引领大家做出决定，一个人应该花多长时间谈论过去，又应该花多长时间在当下做出改变。他并不能总是以最温和的方式表达自己的意思。他是个“守旧派”，基本不允许自己或别人为自己的行为找借口。

在加入团体的初期，他评价其中一名女性成员葆拉身材肥胖。此前葆拉曾抱怨“总是感到很累，无精打采，都不太敢穿泳衣”。她谈到丈夫曾批评她太胖，在她十几岁的时候，她的父亲也因此经常取笑她。詹姆斯是团体中唯一一个敢于直接谈及她的体重问题的人。

起初她有点恼羞成怒，想多谈谈自身的成长过程，但詹姆斯表示听够了，他说：“如果你不做些改变，你就别再多说什么了。我相信你小时候被指责过，我也不赞同你丈夫用奚落来督促你减肥的方式，但我认为你的余生会一直谈论这个话题，而不去尝试做出任何改变。”

葆拉在成长过程中非常注重自己的外表，她试了一个又一个节食方案，却都以失败告终。最后她完全放弃了尝试，一直暴饮暴食，以此来应对自己对外貌的不自信。她的成就上瘾表现在试图保持完美身材的执念上。

由于生性敏感，詹姆斯尖锐的评论激起了葆拉相当大的反应。葆拉指责他一点都不善解人意，像她的父亲一样，并且向团体寻求支持。成员们轮流发言，但令她吃惊的是，他们都同意詹姆斯的意见，他毫无保留地直接指出了问题所在，而这正是他们一直犹豫和迟疑的地方。

在某个时候，有人问我是怎么想的。我指出，我们花了相当多的时间听葆拉谈论她的过去。我也同意詹姆斯的看法，葆拉是在以过去为借口来逃避现在的成长进步。我一贯的立场是，如果我们的过去对当下造成了很大的困扰，那就应该对过去进行探索。而一旦理解了过去对我们造成的影响，我们就应该朝着新的方向做出努力。

正如我们所讨论过的，改变是一个主动的过程。有些人花了太少的时间了解自己的过去，而有些人则花了太多的时间。有些人需要理解他们所虚构的内心故事，而另一些人则会用他们带有偏见的故事作为掩饰，让自己在生活中陷入僵局。

我们应该关注过去，以了解是什么驱使了我们的行为。我们不应该沉溺于往事，把过错归结于别人，让他们为我们不愿或害怕依靠自己做出改变来负责。

不可思议的友谊

有意思的是，詹姆斯和葆拉成了亲密的朋友。他生病后，她比任何人都关心他。他们建立了一种真诚的关系，一开始是不打不相识，后来是基于对彼此的尊重和对学习的渴望。

每次詹姆斯谈论与妻子的关系时，葆拉经常会同样坦率地做出回应。他与妻子分居多年，但并没有离婚。詹姆斯是我们最年长的成员，在70岁出头的时候，他被诊断患有肺癌。他在快40岁的时候就和妻子分居了，他声称要推迟办理离婚手续，因为根本没有必要。他的理由就像葆拉不进行锻炼、不认真自我关爱的理由一样令人印象深刻。

我们发现他们的共同之处比表面看到的更多。他们待人接物的态度都很直接，都需要更加柔和地表达自己的意见，如果对自己的行为做出的解释并不合理，也都不喜欢别人当面质问自己。

当葆拉又开始抱怨自己的体重时，詹姆斯会经常提醒她："你又来了。如果你这周不进行锻炼，我就不想听到任何抱怨。"她经常笑称他是分居时间最长的人。"我当然知道你对你的妻子没有感情了。你骗不了我：你爱你的妻子。你只是太固执，不肯承认罢了。"

对詹姆斯来说，过去的这个部分从来没有得到解决，因此每当他试图与另外一个女性建立情感关系时，这个问题就不停地浮现。我们曾问过他很多次，为什么他的情感关系都会如此短暂。他相貌堂堂、能言善辩，但似乎总是会给出这样或那样的理由，解释他为什么要结束一段关系。"她们总是太容易当真。我不想让任何人告诉我该怎么打发时间。"

每次在讨论亲密关系时，显然可以看到詹姆斯并不信任女性。另一个团体成员爱丽丝（Alice）就是詹姆斯的女性翻版——她离了婚、满腹牢骚。她和詹姆斯经常为这个话题争论不休：最不值得信任的到底是男性还是女性。她的前夫和她的好友有过婚外情，后来俩人结婚了。詹姆斯感到妻子疏远了他，因为她抱怨他不会表达自己的感情，还抱怨他经常一感到失望就逃跑。爱丽丝和他都对异性有着难以改变的先入之见。他曾经称她为“厌男者”，她则说他是“害怕女性的偏执狂”。

有一次我对他们俩说，他们有很多共同之处。当然，两人开始都无法接受我的看法，但在我指出他们都有一颗永远无法愈合的破碎的心时，他们的表情变得凝重起来。我接着说，他们都对异性抱有不信任和恐惧感，害怕孤独，也害怕孤独终老，深切地爱着自己的孩子，拥有自己的道德观念，把真理和品格看得比物质财富更为重要。

渐渐地，他们建立了一种不可思议的关系。爱丽丝在詹姆斯被确诊之前就离开了小组，他们以朋友的身份告别，彼此尊重。爱丽丝在最后一次讨论中向詹姆斯道歉：“你告诉了我，不仅仅是女性才会受到伤害。最重要的是，你还让我知道，有些男性是诚实和值得信赖的，比如说像你这样的男性。”

那天詹姆斯眼里含着泪水，这是我们以前从未见过的。他告诉爱丽丝，这么长时间以来，他一直以为她不喜欢他。“我不懂得透过表面看待事物的本质，也没有意识到你和我一样，都受到了很深的伤害。”

今天，团体成员仍会津津有味地谈起詹姆斯、爱丽丝和葆拉之间的那些互动。他们的互动和冲突教会了我们所有人：发展自己的共情，透过书籍的封面去理解每个人虚构的故事，发现新的真相，获得新的成长，一个经过修订的、更为准确的个人故事就将会浮现。

他们每个人都因为种种原因被魔咒驱使。但最终，他们都从不同的方向改写了困扰他们多年的内心故事。

临终的爱

为什么一个人的绝症会让一群素不相识的人们迸发出无法想象的力量？友谊是长寿的关键因素之一。詹姆斯这位脾气暴躁、充满激情、高度自律和富有责任感的男子，用他的故事给出了一个深刻的答案。

詹姆斯有些粗暴生硬，但却很真诚。正如我之前提及的，他需要学会更加委婉地表达自己的观点。他的信念是，只要所言不虚，那么说话的方式就无须是绝对正确的。

和其他人一样，他也了解到提高自己的共情能力可以在坦承事实的时候更容易被人接受，也不会让别人感到被冒犯。人们可以漫不经心，也可以满怀同情地说出真相。而后者更容易引起对方的共鸣，并且不会让人怀疑说话者的动机。

一个特殊的星期五的上午，我们就看到了这样一个典型的例子。詹姆斯来到小组，神态异常安静。当被问及他在想什么时，他就开始流泪。他有几分钟都说不出话来，像往常一样咳嗽着——每次他要说些对他来说特别困难的事情时，都会如此。最后他告诉我们："癌症又复发了，这次是在肝脏部位。医生也无能为力了，我想我快要离开这个世界了。"

他开始嚎啕大哭，时而啜泣。我们看着这个命运多舛、克服了许多困难、从不轻易表露情感的男子突然在我们面前变得脆弱起来。他很害怕，他的情绪引起了在场其他人的共鸣。在那一刻，我们见证了他的人性：他坚硬的外壳消失了，那一瞬间，他变得比以前更可爱了。

詹姆斯并不能和小组里所有的男性都和平相处。就像我说的，他有时脾气很糟糕。他告诉其中一名成员"别再抱怨了，和妻子离婚吧"，还跟另一名成员说不要再抱怨自己的酗酒问题，直接戒掉就行了，“只管去做就好”。

随着时间的推移，詹姆斯学会了更加共情。他开始能看到世间的灰色地带，他曾表示，在加入团体后，他才意识到自己对人的了解是远远不够的。一些团体成员评论说，他们认为这是一种进步。他离真相更加接近了：关于生命和关于自身的真相。

正当詹姆斯的心态变得更加开放的时候，他却已经病入膏肓了。我记得在他生命的最后几天，我去他家探望他。他一边轻抚着他的黄色拉布拉多犬山姆（Sam），一边看着我说：“我们并不是医生和病人的关系，我们是朋友，谢谢你一直以来的陪伴。”

我们的相似多于不同

有人说我们的相似多于不同。我想这一点在詹姆斯在我们团体的心理历程中得到了证明。因为疾病，他变得更加感性，不那么急于保护自尊，如此一来，他就变得更容易接近，也更容易亲近。在这个过程中，其他成员更能放下自身的防备，因为每个人真正的本质都开始浮现。

面对死亡，每个人的心灵都得到了升华和启发。我们的关系更加密切，因为尽管死亡最终无可避免，但我们已经面对了生命的终结，仍然保持了灵性。建立在真诚、诚实和渴望共同成长基础之上的群体会培育出对成员积极潜质的信心。

詹姆斯葬礼那天，我坐在教堂的长椅上，突然有人拍了拍我的肩膀：是爱丽丝。“我想我应该来，他教会了我很多，我从没想过我会这样失去他。”随着葬礼的进行，我们看到一位女士走向讲台致悼词。爱丽丝和我都在猜测这个女人是谁，同时，我们也都意识到了那是谁。

詹姆斯给分居多年的妻子写了一封信，请她来做最后的告别。在周五上午的团体讨论中，詹姆斯学到了很多东西。但是在那一刻，我们都希望他能有更多的时间——更多的时间来表达爱，那些爱是隐藏在过去的伤痛之下的。我们希望他能以崭新的视角来重写他的婚姻故事，不再那么害怕会受到伤害。

我们意识到一个重修旧好的机会就此错过了。我认为这种认识会让每位成员在他们的人生中变得更加直接，更愿意与他人一起对伤害进行探索，而不再固执地退回到他们的悲伤和骄傲之中。

从那时起，我们的团体讨论治愈了许多破碎的心灵，澄清并消除了许多怨恨。最重要的是，我们一次又一次地认识到我们的相似多于不同。如果这个真相成为大家普遍的信念，那世界将会多么美好。

人人都会死去，但并非人人都曾活过

在詹姆斯生病的同时，我的叔叔弗兰克（Frank）也经历着同样的遭遇。他得了晚期肺病，也已经病入膏肓。他们生命中的最后那个夏天，我在缅因州度假，我会在海滩上挨个给他们打电话，带他们聆听大海的声音。

他们俩虽然素昧平生，但是却有许多共同的爱好。我的叔叔和詹姆斯都喜欢海洋，他们都知道自己再也无法去科德角[1]或缅因州了。他们都喜欢倾听大海的声音，在我们通电话时，还可以听到远处传来的海鸥叫声。

我之所以提到我叔叔，因为他是另一个例子，深刻地说明了即使是在最困难和最痛苦的时候，与他人建立联结以及亲密关系的能力也无比重要。

1　译者注：科德角，美国马萨诸塞州南部的一个由冰川造成的钩状沙质半岛，行驶在科德角上是一件非常惬意的事情。

我的一个女儿曾经问我，知道我的叔叔快要离世，并且非常痛苦（肺部疾病让他呼吸困难，而且他经常要用氧气罐吸氧），去探望他对我来说会不会很艰难。我惊讶地发现并非如此。我们很少谈论病情，他在所有的场合几乎都是兴致勃勃的。我不是说他精力充沛，而是说他见到我会真心高兴。

我们都深爱着家人，会谈论我的孩子、他的孙辈、他们的成就以及说过和做过的趣事。他会谈论他的生活，过去所有的疯狂时刻。最重要的是，当他回忆起童年和他一生中所经历的各种跌宕起伏时，我们会一起开怀大笑。

他喜欢美食，尤其是意大利菜，所以我会去他最喜欢的市场，给他买各种他喜欢的食物。即使他吃不了多少，他还是喜欢跟大家围坐在一起吃东西，空气中弥漫着美食的香气。

随着病情日益恶化，他和我的婶婶搬去我堂兄那里住。搬家后他需要转移到罗德岛的一个康复中心接受治疗。他在这里结交了很多朋友。他会给我讲他们每个人的故事，经常阅读他们在他住院时寄来的卡片。他的医生也非常喜欢他，经常会去他的住所吃午饭，和他聊聊天，一起度过一段愉快的时光。

我叔叔找到了和这么多新朋友的共同之处。最初，上一个康复中心的工作人员认为他很难接受转院治疗。我却认为这实际上对他大有裨益，因为他有机会建立新的关系。

在我叔叔第一次确诊时，接诊他的第一位肺科专家叫他去拉斯维加斯。“去花钱，玩得开心些。除此之外，我们也无能为力了。”医生说他只能活6个月，但2年半过去了，他仍然在世。这又给我们上了一课：在我们放弃希望之前，我们需要了解面前这个人的独特品格。

我问叔叔他是如何做到的，他会含泪告诉我，他想在这里“再过一个圣诞节”。他和詹姆斯都有强烈的灵性需求，每周都会花时间修行。他们彼此信仰不同，但他们都相信某种冥冥之中的力量。他们都很外向，并不算自信满满，但他们都愿意结交朋友，愿意主动伸出手来，试图找到彼此的共同点。

我叔叔一直不惧于跟和自己并不那么相似的人打交道，而詹姆斯正在培养这种能力。我之所以强调这一点，是因为我时常会想，如果我也处在同样的情况下，我会怎样？在知道生命即将结束、每一次呼吸都会感到痛苦的情况下，我还会有勇气享受人生吗？

我叔叔不仅过完了第一个圣诞节，而且还度过了来年的那个圣诞节——虽然那时他只能喝点汤，但我能从他的眼中看到深深的满足。上次住院治疗回来后，他告诉我：“我又成功了一次。我告诉过你，我又可以回家了。”

在他心里，自己已经取得了胜利。身边的人帮助他延长了生命，但他并没有意识到，他给了我们所有人一个前所未有的礼物：拥抱生命。在他的葬礼上，我堂兄在悼词中说我就像我叔叔的第二个儿子。听到这些话，我激动得几乎无法自持。我感到悲喜交加，这种情绪势不可挡地向我袭来。我从未得到过如此高的赞许。

我讲述了我叔叔的故事，是因为在同一时期我经常和詹姆斯进行互动。詹姆斯学着少做评判，心态更开放，而不去在没有足够数据支撑的情况下迅速对人进行分类、做出回应，就好像他很了解对方一样。尽管他很努力地想去与人建立联系，但他有时与人相处起来有些困难。他掌握了一种新的建立关系的方式，并告诉我，在成年子女和其他朋友身上，他看到了这种新方式的成效（如果他能活得更久一些，他就能重新找回与妻子之间曾经的亲密感）。他每周都在学习如何与过去从未接触过的人建立关系。

我叔叔擅长人际交往。你可以把他丢到宇宙的任何地方，我确信他会在那里交到朋友。而詹姆斯已经在人际关系中培养出一定程度的共情，而这是我叔叔大半生都在践行的。他们都在爱的包围中离开人世，当然其中一位建立和维系亲密关系的能力强于另一位，但他们对亲密关系的渴望是一样的。

如果你正在阅读这本书，你可能在想自己把爱注入生命的能力处于哪个层次。我的叔叔此生从未获得过世俗意义上的名声，但我相信在离开人世时，他带着一种我们都渴望获得的满足感。在自己的圈子里，他是位名人。而詹姆斯在离世前知道自己有勇气继续前进，他正在勇敢地努力成为一个更好的人，一个更好的交流者。

我们天生就具有共情和亲密感。在我们的生活中，我们在多大程度上与更大的群体亲近，是与如何通过我们所提到的情感考验息息相关的。在你的生命中，没有任何其他的努力所获得的回报可堪与之比肩。

日志问题

• 你所结交的朋友是多种多样的吗？

• 结交一开始看起来和你不同的朋友会让你感觉不安吗？如果是这样的话，为什么？

• 你和詹姆斯有相似之处或对他有认同感吗？他性格的哪方面和你相似？

• 你对葆拉有共鸣或认同感吗？她性格的哪一方面和你相似？

• 这些特质是会支持积极的个人内心故事，还是会损害你的整体幸福感？

• 在你最亲密的朋友中，有策略地保持真诚是一种共识吗？

• 如果不是的话，那么是什么阻碍了这一点？

• 你是否相信，归根结底人类的相似多于不同？

• 你所持观点的原因是什么？

• 你能认同我叔叔弗兰克的性格吗？

• 你认为你会请朋友们来帮助你面对绝症吗？

• 如果不是，是什么阻止你让别人了解你的体验？

• 你愿意和朋友分享自己的内心痛苦吗？或者你认为自己会成为别人的负担？

• 你相信脆弱和坚强可以共存吗？

• 如果你认为不是的话，请详细说明你认为二者不可共存的原因。

• 你认为我们需要把对朋友和家人的同情心延伸到来自其他背景和种族的人身上，还是你认为这种延伸对于自己的幸福来说是不必要的？

• 你认为自己需要进一步发展一些什么样的品质，才能与不同的人以一种有意义的方式建立关系？

进行实践

1. 如果你还没有，那就加入一个社群，你不需要以领导者的身份参与其中。重要的是，你要作为一名成员和贡献者去参与。试着去欣赏与他人合作的日常经历。

2. 尽最大努力与团队中和你性格最为迥异的成员建立关系。

4

第四阶段——反思故事如何扭曲你的认知

如果你通过了所有的情感考验，你就会拥有更加强大的自我，以自身的价值来定义自己，而不是外部的标准。你会变得更加自信，带着能量、勇气和欢乐轻松地迈向未来。你会更加灵活、坚韧、平和。你的负罪感和羞愧感会消失，你会有能力去爱别人，并且他人给予你爱的回馈。

在这一阶段，我们将开始讨论这些挑战的解决方案，这些挑战会影响并扭曲我们的日常体验。当然，这些挑战也会让潜在的成就上瘾增强对你的控制。你被扭曲的认知将会强化旧的内心故事，要改变这些根深蒂固的思想，我们需要有意识地创造出一个全新的、带来力量的故事。

我将对这些认知扭曲进行解释，如果你不能改变你的观点，它们会让事情变得更糟。我还会继续向你们提出一系列问题，这些问题将帮助你们全面了解摆脱“魔咒”的独特旅程。

第九章

足够好就是最好——完美主义的信仰

在我们的文化中，许多成功者都秉持了一种错误的信念，认为如果能使自己的行为、外表和表现都臻于完美，那么生活就会一帆风顺。

这是一种认知扭曲，我称之为“完美主义的信仰”，因为就像所有的宗教熏陶一样，这种观念是一种局限的、未经检验的看待世界的方式，是在我们最易受影响，也最容易轻信的时候建立起来的。我鼓励你从所有可靠的来源学习，这样就不会被过去所束缚，而是用今天的清晰视角来审视和鉴别什么是虚构和真实的故事。

我们这个以结果为导向、节奏飞快的社会很少给予足够的时间和耐心让人们健康发展。年轻人经常会受到这样的教育：不能只看到当下的自己，要有远见。正是这种趋势播下了在我们社会中正大行其道的破坏性综合征的种子。

我们希望所有人都能发现自己的潜能，但当我们将成就与完美紧密联系在一起时（尤其是在年轻时），我们就为最终的魔咒绘制了一幅蓝图。因为文化的增强作用，依附于完美的信念体系是最常见和最具影响力的认知扭曲。

人们不惜一切代价追求完美，因此用幸福和健康换取成功是如此之普遍。在你觉得自己不够好的时候，你会停下来好好自我关爱吗？如果你觉得自己不够格的话，你就很难做到。

如果要评估你是否有完美主义的倾向，就要问自己一个关键的问题：当你并非处于最佳状态时，尽管你做了种种努力，是否仍然会觉得接纳自己非常困难？

不惜一切代价追求完美

我的来访者简（Jane）今年41岁，正在经历一场艰难的离婚。她告诉我她如何准备参加下周末的半程马拉松比赛。她有2个年幼的女儿，一个4岁，一个7岁。她在金融业担任全职高管。她一周前刚搬了家，因为赛前训练没达到预期的效果而倍感压力。

“乔拉米卡利博士，我知道你会说‘去参加比赛吧，玩得开心点，把速度的问题抛在脑后，感谢自己在这种情形下还可以参赛’。但我很难放手，很难接受自己无法达到最理想的状态。”

尽管简做了多次尝试，但她还是不能完全遵循自己内心的想法，而这才是一种更平衡和更健康的参赛方式：她或许不在最佳状态，但会表现得“不错”。到目前为止，她还没有完全理解自己虚构的内心故事，真正实现思想上的转变，让她在这种无法表现得更为出色的情况下也感到自在。她还不能区分情境变量和个人能力。

这句话是什么意思呢？有时候在生活中，不管我们自身的能力有多强，即使我们具有相应的实力，客观条件都不允许我们有出色的表现。是的，她可以在这次比赛中竭尽全力，并打破去年的成绩，但从长远来看，这个成绩真能让她感觉更好吗？事实并非如此！

除了把自己弄得筋疲力尽之外，成功也只会转瞬即逝，而且以后的每场比赛都会带来同样令人不快的压力。如果她能理解自己所虚构的这个故事，认识到关于自己的很多想法并不真实，她就能为这样一个事实感到自豪：在这种情况下，她已经赢得胜利了。毕竟她能完成13英里的半程马拉松，从事着一份有压力的全职工作，与此同时，在忙于搬家和处理离婚诉讼的同时还能照顾好两个年幼的孩子。

“永不满足”由来已久

简长成了一个胖乎乎的女孩，但她的姐姐和弟弟却很苗条，很有魅力。她姐姐在读高三时被评为“校花”，约会过很多次，很多人都认为她非常漂亮和外向。而简却很胖，不像她姐姐那么受欢迎。她们姐妹俩在同一所高中读书，只不过简要低两级：她亲眼见证了姣好的外貌意味着什么。

简的成绩很好，直到高三才开始约会，大学三年级和四年级一直都在和同一个男朋友谈恋爱。其实他是简唯一的男朋友。他后来去读研究生，因为和别的女孩在一起而跟她分手。此后不久，简遇到了她的现任丈夫（他即将成为她的前夫），并在一年半之后结了婚。

她是兄弟姐妹中第一个结婚的，对此她暗暗地有些得意。让她特别得意的是，她的姐姐将成为伴娘，而不是新娘（这表示她有成就上瘾的倾向）。她一直以为事情会恰恰相反。当然，她选择那个人成为自己的丈夫是基于理想之爱，我们将在第十一章对此进行讨论。

完美主义者会互相吸引

简的未婚夫是个“积极进取的人”。他总是很想做点什么来证明自己。她简直不敢相信自己终于找到了一个如此爱她的人。她甚至在他们相遇的那年开始锻炼身体了。她因为受到关爱而倍感振奋，开始减肥，并且越来越喜欢自己。

她把“脱胎换骨的简”归因于未婚夫的爱情。他给了她信心，让她进入那些她一直望而生畏的领域：锻炼、肯定自己和穿得更性感等。她因为订婚而兴高采烈，一年来她唯一关心的事就是筹备婚礼。他们在婚后的一段时间相处得相当融洽。她很难在性生活方面体会到快感，但慢慢地感到更加自如了。

不幸的是，她发现丈夫对她逐渐失去了兴趣，她将此归咎为自己缺乏魅力。结婚几年之后，她发现丈夫是一个干劲十足、事业心极强的成功者，基本没有精力去承担配偶或父亲的角色。他在商界做得很出色，但却过着相当离群索居的生活。他在事业上越成功，对家庭的付出就越少。

她对他在自己怀孕期间的漠不关心感到沮丧，她担心这段婚姻终将结束。但是在此期间，她不断努力让自己看起来更好、更性感，尝试用更多的方法来吸引他的兴趣，但这些尝试也只是偶尔奏效。曾经她对他的成就上瘾视而不见，但现在她可以看到，她对自己外表的执著，就和他不惜一切代价追求在业界的成功是一样的：这是成就上瘾常见的性别差异。

这一切可以改变

最终，简向丈夫提出离婚，而他勉强同意了。他想要改变，但她对他的一切感情都已不再，决心要独自面对生活。我的一位来访者推荐她读一下《成就上瘾》这本书，读完之后，她终于开始明白是什么让她觉得自己被诅咒了。

今天，她已经开始理解自己对完美的执念，但这只是一种认知层面的理解，而不是内心的改变。她仍需要时间和练习，最终挣脱有待她去发现和改写的内心故事的束缚。希望在她参加比赛时，这些见解会产生影响。但正如我提醒过她的那样，她需要培养忍耐力，因为这个过程不是短跑冲刺，而是全程马拉松。

随着自我调适的继续，简将会意识到，健康而又成功的人，包括许多杰出的运动员在内，都不会以成瘾的方式来取得佳绩。他们能够容忍自己在当前环境下的表现，并据此设定对自身的期望值。在条件相对稳定的时候，他们会有优异的表现，因为他们能保持平衡，找到幸福感。

当简继续这段心路历程的时候，她能够区分损害自身能力的情境性压力源（situational stressors），比如搬家和离婚，也能分辨出生活中哪些后果是真正由于缺乏能力而导致的：这对她来说至关重要。而大多数深陷魔咒的人很少能对此做出区分。

如果你的行为或表现不够完美，你就会失去别人的尊重——对这种根深蒂固的想法，你该如何改变？

改变完美主义的固定模式

在最近的一次团体讨论中，一位新成员问我，其他人是否会告诉自己的老板、同事或朋友正参加团体的事。他担心这会影响他的绩效评估，还说他为不能平衡好自己的生活而感到羞愧。他甚至没有告诉自己最亲密的朋友。

我们的一位老成员、一家著名公司的工程师也承认："一开始我觉得非常尴尬。我对工作业绩的焦虑变得如此强烈，以至于我以为自己心脏病发作了，结果被送进了急诊室。”

“随着时间的推移，我认识到有些人会理解我，而有些人不会，对此我都不太在意了。我把它当作一种测试，让我知道谁值得信任，也让我知道谁可以‘明白’我的状态（健康的高成就者）。相信我，一开始我自己也并不能‘明白’。”

我们的新成员无法接受这个新观点，但他迟早会的，因为他会遇到一些非常成功的人并从他们身上学到。当我们掩饰自己的脆弱时，他就会知道我们在自欺欺人。而当我们承认自己永远无法臻于完美时，他就会知道我们很有智慧，因为人类在本质上就是不完美的。

在我们逐渐理解了这个事实，将这种认识根植在心中之后，我们就会安然自若。我并不鼓励在明显会受到伤害的情境下四处宣扬自己的弱点。很显然，向同事和上级吐露秘密是一个非常敏感的问题，必须谨慎行事。另一方面，如果你饱受完美主义的困扰，我知道你夸大了不完美的后果。我们的新成员不能毫无畏惧地放弃这个想法，但我们都需要试一试，看看“不完美”是否真的会如我们想象的那般对其他人产生影响。

记住，是你内心虚构的故事的某些方面造成了这种扭曲。此时我们正在创造一个新的故事，一本关于你人生的真实书籍，与过去带有偏见的故事相比，它可以更加准确地对行为进行预测。当你的故事有了崭新的、更具力量的内容时，完美主义的认知模式就会发生改变。

感觉像个骗子

我们的新成员感受到了完美主义带来的压力，甚至到了一种歇斯底里的程度，以至于他认为自己就是个骗子，因为他无法平衡自己的生活。他并不了解的是，他现在属于一个非常特殊的成功者群体，他们也有同样的困难。

具有讽刺意味的是，他在加入团队的2周前得到了提升，他负责管理东北地区，而只有非常优秀的人才能管理这一地区。尽管他的职业履历非常出色，他还是觉得自己是在"装模作样"，总有一天会被人拆穿。

真正具有欺骗性的是他试图掩盖自己的思想，这损害了他获得幸福和平衡生活的能力。如果他能够看到自我表露的力量，并诚实地讲述自己的体验，他就会发现自己并不孤单。特别是在团体互动中，我们可以更加客观地看待自己，加诸自己的压力和过高期望可以减轻。当我们的新成员表达出新的角色给他带来什么，他的固定模式可能会发生改变。

有天晚上在我的团体讨论中，一个人说只有在这个团体里，他才能真正谈论自己的弱点。他继续说，他害怕让朋友们知道他的种种困境：高血压、为自己没有完成大学学业感到羞愧，以及为他在上一段婚姻中以自我为中心的行为感到后悔。一位资深成员玛丽（Mary）告诉他："你对朋友隐瞒的一切，你也在对自己隐瞒。相信我，多年来我都不知道自己在欺骗自己。"

感觉自己像个骗子，是因为我们在欺骗自己。我们煞费苦心在别人面前掩盖自己的弱点，却没有意识到同样的过程也在内心发生。我们以为不暴露自己是在保护自己，但我们事实上是在消耗自己的能量，并失去了从真正的关系中获得亲密感的机会。

这的确是一个危险的过程，因为我们也在欺骗自己的内心世界，这导致我们缺乏自我认知，并不断消耗自我价值。自我的信念不能靠伪装来维持：这会消耗能量，却不会带来回报。

在体验中站稳脚跟

我们需要新的体验来改变对自己的固有观念。当我们从理性和客观的人那里得到新的反馈时，我们就有机会对那些因为魔咒而形成的、带有偏见的行为形成更为准确的看法。

例如，当我的来访者冒险进入社交世界时，他可能会尝试在适当的时间与他人分享他的缺点。他可能会发现，正如他在团体中所发现的那样，善良的人并不像他想象的那样爱评判别人。正如我在前面指出的，改变是一个主动的过程。冒险改变自己的行为需要勇气，而当我们这样做时，我们已经开始用新的信息改写过去了。

我有一位来访者在经历了痛苦的离婚后，最近接受了交友服务。迈克（Mike）在大学时曾是一名优秀的运动员，成绩优异，但他上的是一所州立学校，这和他成长的那个蓝领小镇一样让他尴尬。他在金融界工作，和许多有权势的人一起共事，其中有几个同事都毕业于常春藤名校。

最初他被一些同事光鲜的履历吓到了，我们和他一起在团体里讨论他的羞耻感、他贫穷的家境以及没有上过名牌大学等。我们帮他降低了对脱发的关注，因此我认为我们切实地改变了他认为男人年到40岁就会没有头发这一成见。

讽刺的是，我知道团体里的女性成员觉得他很有魅力，尤其欣赏他努力成为一个更好的倾听者。迈克是一个总是感到“做得不够”的人，因此他很难在谈话中放松下来而不去打断别人，因为他很焦虑。

交友服务机构为他安排的第一次见面是共进晚餐，这次他遇到了2位女医生和一位大学教授。“他们安排我坐在皮肤科医生旁边的时候，我非常焦虑，我都能听到心脏开始狂跳。几分钟后，我想到了团体成员说过：‘多听少说，放慢语速，试着去真正了解对方，不要试图给对方留下深刻印象。’我谨言慎行，更多的是提问，而不是谈论我自己。我发现她的生活很有趣：她对瑜伽、灵修和旅行都很感兴趣。

夜色渐浓，我能看出我们之间产生了某种默契。晚餐结束后，我们一起走在私家车道上。她停住脚步，相当羞涩地看着我，问我是否能给她打电话。我立刻问‘为什么’，然后意识到我可能搞砸了，这是在表示我信心不足，而不是仅仅接受她的好感。

但令我惊讶的是，她温和地回答了我的问题：‘你是这里唯一知道如何倾听的男人，而且你似乎确实是对我这个人感兴趣，不仅仅是因为我是医生。除此之外，你笑起来很好看。’我想我要感谢这个团体！”

迈克的新体验教会了他在成年后一直都未明白的一个道理：试图给人留下深刻印象往往会事与愿违。

令人惊讶的是，知道如何不完美但真实地与他人互动，对大多数人来说都是非常有吸引力的。很长一段时间以来，迈克一直在努力改变自己的不完美，提升自己，但他已经失去了真正的自己。

放下焦虑之后，他其实是一个真正喜欢与人相处的、谦虚的人。在他放松的时候，与他互动会很有趣，而他以前并不这么认为。与浓密的头发和耀眼的履历相比，他所正在培养的那些能力更容易让他走向成功。

甚至媒体也在提供一种全新的体验

在我们当前低迷的社会环境中（经济不景气、国际冲突和恐怖主义威胁等），发展速度最快的电视节目真人秀特别关注那些令人难堪的失败，这让我觉得很有意思。

《勇敢向前冲》（*Wipeout*）之类的节目被称为“美国萧条的安慰剂”。在这些节目中，选手们虽败犹荣。这种舆论导向是否为那些为业绩心力交瘁的美国人提供了安慰？

这些真人秀是否发现了我们社会的一种需求，向我们展示了如何踩下刹车，阻隔不断追求完美所带来的无情压力？他们是否允许，有那么短暂的一刹那，可以接受这种暂时的惩罚？尽我们最大的努力，在结果中寻求人性，而不管结果是什么？

以《勇敢向前冲》来说，选手参加的科目非常具有挑战性，失败在所难免。有时候，并非出于我们自身的原因，我们虽然尽了最大的努力，却以失败告终；当然还有其他因素也在起作用。似乎很多人都很喜欢观看这种真人秀，节目既妙趣横生，又蕴含了失败。对大多数成功者来说，这是一个奇妙的组合！

不完美让我们自由

当我们足够相信自己，可以做自己的时候，那种感觉是如此自由自在。我们放弃考虑自己对完美的需求和执着（特别是在我们在意的人面前），向世界展露我们的本性，而不是继续所有徒劳的努力，妄图以超过自身真正能力的假象去战胜他人。

对成功者来说，很难接受的一个常理是，如果我们允许自己暴露自己的不完美，这会让我们更有吸引力，也会让我们更容易理解那些存在于每个人身上的人性弱点。

如果我们放弃伪饰自己，别人和我们自己都会放松下来，因为要时刻保持警惕，时刻注意自己不能有言差语错或者行差踏错，需要付出很多努力。完美主义阻碍了我们的创造力，妨碍了我们更加全面地看待这个世界。当然，它使我们自顾不暇，这意味着我们错过了当下，错过了参与和向他人学习的机会。

我们都需要尽力发挥自己的潜力，但往往只有平衡才能让我们的成就达到最高水平。在平衡生活的框架内获得成就，不仅是一种美妙的主观感觉，而且对他人来说也是一种极具吸引力的模式，尤其是在我们当前“不惜一切代价取得佳绩”的文化中。

日志问题

• 你会将受到外界条件限制而表现不佳与自身缺乏能力混淆吗？

• 你是否觉得只有做得非常出类拔萃时，人们才会对你留下深刻印象？而如果让你放弃这种观念，你会觉得无法接受？

• 你是否要将生活中的每件事都做到最好，而且通常要做得比其他人都要完美？如果有的话，为什么会这样？

• 你是否认为除非做到完美，否则努力去做一件事就没有意义？（比如说："我做不好的事情，我就不会尝试。"）

• 你一定要在做每一件事时都努力达到最理想状态吗？因为只有达到理想状态，你的生命才有意义？解释一下。

• 你是不是不会向别人透露自己正在为之奋斗的目标，因为你认为如果你不能达成目标的话，他们就会认为你是一个失败者？

• 你要不惜一切代价追求完美，即使这意味着生活失衡和失去健康，你内心的故事是怎么样的？

进行实践

1. 本周，试着对表现不完美保持一种宽容的态度，并找到适当的理由来证明为什么在特定的情况下这是你能做到的最佳表现。

2. 考虑到当前的变量，在对结果感到满意的同时，注意倾尽全力是什么样的感觉。

第十章

放松，你不必拥有一切答案——病态的确定感

你是否总是非常胸有成竹，觉得自己总是需要给出问题的答案？如果是这样，你所展现的就是一个典型的成功者的认知扭曲。这种态度可能是一个沉重的负担，会带来巨大的负面后果。最重要的是，它会妨碍我们与他人建立起真诚的关系。如果一个人认为自己对对方的想法或行动似乎了如指掌，那么就会立刻失去聆听对方说话的兴趣。

本章的中心问题是：“为什么你时时刻刻都喜欢给出答案，即使在没那么有把握的时候也要看起来胸有成竹？”

病态的确定感（pathological certainty），即你总是感觉自己必须有一个答案，这是另一种认知扭曲形式。当然，从有些人睥睨一切的态度来看，其实他们相信自己永远都是对的。它与完美主义相伴而生，通常源于脆弱的自我。归根结底，它是一种掩饰，阻止你通向自由之路，让你无法更好地思考和生活。

巨大的掩饰

还有什么能在行事时表现出确定感更能让你感觉自己已经掌控了一切呢？

在不确定的时候清楚所有问题的答案，至少在一段时间内会给你幻觉，让你以为不存在任何问题，可以独立处理任何事情。这也会让你看起来是一个可靠的、无所不能的人。讽刺的是，这正是“魔咒”的一部分。

这是通过追求完美来取悦周围人的一种尝试。它让你感到挫败和精疲力竭，还容易被他人误解，因为别人会期待你不惜一切代价为其服务。这一切都约定俗成，而你是主导者，但这却并非你的错。病态的确定感是应对低自我价值感的一种常见方法。

当你与他人没有建立真正的联结时，你会板起面孔，摆出一副样子来掩饰你内心真正的感受，而你的内心极不平静，也不允许自己感到脆弱。和其他掩饰方式一样，你掩盖了自己的弱点。主导对话并掌握所有答案，这不是自我掩饰最好的方法吗?

不幸的是，你假装的确定感（通常是财富和智慧并举的形象，有时可能是真实的，但往往不是）会迫使你不得不去满足别人对你的期望，而让别人设定这些期望的恰恰是你自己。

这是完美主义的一种表现

如果你始终认为自己总是需要有正确的答案，那么你仍然是“完美主义宗教”的信徒。它和完美主义有着相同的成因，是一种非黑即白地看待世界的方式。如果你秉持着完美主义的想法，很有可能就会形成病态的确定感。

内心有着自卑情结和优越情结的人，容易形成病态的确定感。有自卑感的人往往想佯装笃定，而自视甚高的人则总是会按照自己的想法行事。这两种情结都是面对那些未解决的过去、成就上瘾以及随之而来的情感考验的应对机制。

例如，过去经历过的难堪或对表现出病态确定感的父母的理想化，会让我们不愿意接受他人不同的观点。有些人敷衍了事，内心的真实想法是不想让别人参与进来，觉得这是浪费时间。毕竟，这需要真诚的人际关系，而这却并非成就上瘾者或饱受魔咒困扰之人所擅长的。

一个可能的现实是，你不想被拒绝或者说忍受被拒绝之后造成的心理“打击”。这也可能意味着承认“不，我没有把这一切搞定”，而这似乎并不符合你深埋在内心故事之中的歪曲的自我认知。因此，没有确定的答案在你的内心开辟了“无人区”和“中间地带”，让你感到非常不适。确定感就像一剂灵药，而成瘾者无法应对不确定性，对此感到非常不安。

你的自我

当成功者的自我很脆弱时，他们很可能会想要掩饰自己，想要“变得坚强”“坚强地活下去”等，并表现出自信和确定感。但是，还有什么其他选择吗？在公共场合充分流露自己的真实感受？因此，“公众面前的你”和“私底下的你”变得越来越分裂。你在社交场合一本正经的面孔和你的真实自我之间的差异越来越大。

有了强大的自我，你就不必忙于维持自己的形象。你相信，如果确有一个“正确的答案”存在的话，你终将能得出这个结论，因为你周围都是聪明人，你可以与同事、朋友和家人共同合作。你将会明智地懂得，有时没有“正确的答案”这一说法，如果存在某种确定性的话，它往往也是通过共识达成的。

即使你在没有咨询他人的情况下确实知道答案，强大的自我也会让你去聆听别人的观点，始终意识到通过讨论和尊重才能建立积极的伙伴关系。如果你拥有内在的力量，你可以等待、倾听，然后给出你的意见。

在我们的一些团体讨论中，成功者往往如此渴望发言，有些人甚至会举手，找我要麦克风。他们迫不及待地想在他人面前确立自己的价值感。有意思的是，这种冲动的行为并没有让他们在其他成员中赢得好感。

敬而远之

病态的确定感会让你和他人拉开距离——这与你的目标可能恰好相反。你可能很爱别人，渴望亲密的关系。然而，如果饱受魔咒折磨的话，你就无法创造一个更好的故事，因为它没有基于事实（这可能也是其他人的感受）。

试图表现出确定感永远无法弥补或疗愈你内心缺失或受伤的部分。它最终将你置于岌岌可危的境地，并让那些无法接受你的固执的人对你敬而远之，正如你将在下面的例子中看到的那样。

非黑即白

不久前，我和妻子与相识多年、关系很好的一群朋友共进晚餐。我们都来自各行各业，但由于各种原因，慢慢走到了一起。

其中一位朋友的大女儿在当地一所私立的天主教学校就读。她被布置了一个作业，写一篇有关另外两种宗教与天主教对比的论文。我们正在吃晚饭时，她回来了，问我可否在离开前跟她聊几分钟，她想谈谈有关论文的事情。我问她对什么感兴趣，我的朋友利亚姆（Liam）说："安妮（Anne）认为你对佛教有所了解。我希望你不要误导她幼稚的心灵。"

每个人都笑了，但其实气氛有些紧张，因为我们都知道利亚姆对宗教的态度。他在爱尔兰一个天主教大家庭中长大，他父母和兄弟姐妹一直虔诚地信教。他的家庭和所有成员都是那种会让你立刻感到相处起来非常舒服的人——非常外向、温暖、有趣、慷慨。自从我认识他们以来，他们经历了很多悲剧，信仰给了他们极大的慰藉。他们经历了几次重大变故，包括父亲的去世和一场夺去他们最小妹妹生命的车祸。

所以在这样的背景下，你可以想象为什么利亚姆对天主教的态度会如此执着了。随着夜幕降临，我们开始更多地谈论宗教。利亚姆的妻子问了我几个有关佛教的问题，令我惊讶的是，她似乎对藏传佛教独有的生活哲学很感兴趣。

我看得出来，利亚姆对这种谈话感到不自在，尤其是当他的女儿坐在桌旁热切地听着的时候。“亚瑟，有时候你真的让我吃惊，你们可以这么轻易地受影响。听起来你要成为一名佛教徒了。”

我回答说我不明白为什么他的感觉如此强烈，我们只是在交流。他接着说，教会是他的救星，他对耶稣基督的信仰给了他力量，使他得以克服许多困难。他讲述了在周日的教堂里，他感到了何等宁静，以及他知道我也是以同样的方式长大的。

我说，我能理解他的感受和观点，但如果他出生在西藏，他可能对佛教也是持有同样看法。桌边的其他人显然感到有点不自在。毕竟，我们本来应该在周六晚上一起吃晚饭，然后出去逛逛。

不知是幸运还是不幸，利亚姆女儿的最后一个问题再次点燃了战火。她问我是否知道佛陀和耶稣有什么异同。我评论说，有很多经文说耶稣很可能是受到了佛陀的影响。然后我推荐了一行禅师（Thich Nhat Hanh）的两本书：《生生基督世世佛》（*Living Buddha*，*Living Christ*）和《回家：耶稣与佛陀为兄弟》（*Going Home: Jesus and Buddha as Brothers*）。利亚姆完全无法接受这些，他断然告诉莎拉（Sara），她不应该读那些书。上帝只有一个儿子，而这个儿子当然不是佛陀。

那天晚上，我们一个机智的朋友巧妙地转移了话题，但我永远记得那段对话。为什么？因为利亚姆是一个品行端正的好人，但他抱有许多人所说的“非黑即白”思想，这是典型的成功者的认知扭曲，尽管他自己并不这样认为。

他不会在一些重大事件面前摇摆不定：我们应该在伊拉克驻军吗？我们应该允许同性结婚吗？对伊拉克问题的回答是“是”，对同性婚姻的回答则是“不”。这种事情对他来说根本无须思考，无须争辩。他跟总统和教会保持一致。他有自己的内心地图，就是这样。

你可能会问，我们是怎么成为朋友的。他的妻子安妮（Anne）是和我一起工作了多年的精神科护士。几年前她再婚时，我认识了利亚姆。安妮是一个很好的人，但她过于宽容和优柔寡断。

利亚姆拯救了安妮的举棋不定。利亚姆和我一样都是体格健壮的人，所以我们在锻炼和海滩上跑步等方面找到了共同语言。从某些方面来说，我认为他很向往我的生活，因为我的生活对他来说很陌生。他曾经问我，我怎么能忍受整天听别人“抱怨”。“我永远也做不到。我希望有一个明确的结果，不要听那些神叨叨的胡言乱语，也不想看到那些不想为自己的生活承担责任的人寻找各种借口。”

严厉苛刻并非利亚姆的本性，因为我看到他在和女儿的互动中变得很温柔，但我认为他自我设定的形象是“无所不能的人”，这一点对他的自我认同非常重要。他喜欢耐克的广告语“只管去做”。问题在于，如果没有合适的方法，并不是所有人都能做到“随心所欲”。例如，利亚姆在培养自信方面从来没有得到过帮助，这让他无法轻松地应对人生的多样性。

找到答案的两种方法

有趣的是，当我还是一名年轻的实习生时，那时我在一位受人尊敬的精神分析学家手下工作，我就开始使用“病态的确定感”这个词了。我们中的一些人会向他呈报一些受伤的案例以接受督导，在听取患者情况不到20分钟后，他就会作出诊断。

他曾说过一句名言：“现在你们所要做的唯一一件事情，就是在椅子上坐上几年，确定病人是强迫症还是神经症。”

有一天我有些冒失地问他为什么能如此肯定，仅仅只是听了不到半个小时的讲述之后，就可以对一个他从未见过的人做出诊断。他的回答是：“什么时候你做这项工作的时间和我一样长了，就会明白对某些症状，我们会做出某些诊断。”

我将永远记得他把重音放在了“某些”[1]（certain）这个词上。我想那一年我从他身上学到的更多的是不要做什么，而不是如何治疗病人。具有讽刺意味的是，同年下半年，另一位精神分析学家指导了我，而他看待世界的方法则完全不同。这是我遇到的最好的老师之一。他只有在花力气弄清事实之后才会果断地做出判断，对自己无法立即给出答案从不会感到不自在。

那年，我意识到这两位老师之间的不同。我的第二位导师在个人生活中遭受了痛苦，但却依然坚强。他和智障的姐姐一起长大，对遭遇生活不幸的人有着异乎寻常的同情心。他显然对自己有信心，但同时也能感受到（我要强调一下是感受）我们任何人在任何时候都可能遭遇的脆弱。

他也非常认同自己的犹太人身份，去过几次以色列，但似乎对阿拉伯人

1 译者注：certain 在英文中也有确定感之意。

或巴勒斯坦人并没有任何仇恨之心。20世纪三四十年代，纳粹对数百万犹太人进行了大屠杀，当时他正在读书，我认为毫无疑问，这些经历让他看到了人类的不完美。他有办法让人们呈现出内心深处更好的一面。我相信，这是因为来访者能感觉到他的理解发自肺腑，而不仅仅只是在理智层面。

处世之道

从许多角度来看，病态的确定感是一种危险的处世之道。当然，它切断了我们与不同的人之间的联系。我们大多数人都有过这样不愉快的经历：我们去看医生，而对方在自己都糊里糊涂的时候就敷衍地给了我们一个回答。

另一方面，我们也遇到过这样的医生，他会说："我不能确定。我可以推荐你去找琼斯博士，他是专门研究这类问题的专家。"或者他说他会做一些调查，和同事探讨一下，然后再联系你。

你觉得谁会让你感觉更舒服？你是喜欢马上得到一个速战速决的答案，还是愿意多花一点点时间，等待一个更加准确的诊断？

你喜欢虚构情节吗？

"虚构"的意思是说出虚假的答案，但同时真心相信自己所言为真。《大脑的假想》(*Brain Fiction*)一书的作者威廉·赫斯坦(William Hirstein)对"认知缺陷"进行了反思。对虚构者来说，对自己的信念进行确认这个过程是缺失的。他们的大脑提供了快速而并不精准的假设，但却无法检查这些假设是否准确。

相反，虚构者会体验到一种"病态的确定感"，即无论大脑想到什么都是真的，尽管有压倒性的证据表明事实恰恰相反。由于无法多方求证自己的信念，他们无法认识到自己的主张有多么严重的缺陷。因此他们也无法感知，甚至无法想象自己的缺陷。

最有趣的一点是，作者认为人类大脑可以按照不同程度对有效表征进行构建。然后他讨论了由此所带来的一个相应后果，他将其称为“退化表征定律”（degraded representation principle）。这一定律认为，如果某个个体表征某种类型事件的能力减弱，那么这个个体虚构这类事件的可能性就会增加。

当然，有些道德底线不高的人会故意编造谎言。我们都有过这样的经历：销售人员非常言之凿凿地谈论某种产品，而我们后来才明白，他们对这种产品其实知之甚少。他们的目标是把某些东西推销给我们。在个人生活中，编造的目的往往是给人留下深刻的印象，通过保持他人的兴趣来减少对自己的怀疑。

精力耗竭与病态的确定感

由于前面所提到的那些原因，精力缺乏会让我们敷衍了事，也会缺少毅力来进一步探索真相。如果你的自我是脆弱的，被固定的世界观所束缚，你就没有勇气去考虑其他选择。

惩罚性的自我对话和低自尊会不断地消耗我们的精力。我经常看到，当来访者开始慢慢建立自信，能够忍受更多的不确定性时，他们就会变得更加精力充沛，也更有可能对多样性持开放态度。他们不再需要让自己伪装成一个无所不知的人。

确定感的后果

病态的确定感是一种防御。利亚姆的问题在于，他没有意识到自己的防御，因为他觉得自己受到了莫大的威胁，无暇去思考自己为什么如此强硬。如果他敞开心扉，实际上会更有安全感。我知道这是事实，是因为我看到随着他的女儿们日益长大，他变得越来越开放。为了孩子们的利益，他不得不考虑其他选择。我知道，对孩子的爱常常促使父母们走出舒适区。每当女儿们向我们介绍新思想、新朋友和新哲学时，我就有过很多次这样的感受。

在一个人因为“如此博学”而获得认可时，“确定感”可能会产生一种类似药物的效果，从而形成一个不断强化的成瘾循环。并且在某些情况下，它实际上在一段时间内起到了支撑自我价值的作用。当“万事通”对总是犹豫不决的人产生吸引时，这种倾向尤其普遍。双方都因为对方所扮演的角色而得到滋养。我经常和这样不太自信的人一起工作，他们在生活中容易轻信那些表现得特别确定的人。

难以打破的模式

这是一种很难打破的模式，尤其一个人表现出确定感实际上是他在努力获取数据以打动他人。人们会假装自己非常清楚为什么我们的经济不景气，或者我们需要做些什么才能从伊拉克彻底撤军，从这些现象中我们可以看到这种倾向。

政客们不断用简单的答案轰炸我们，我们中的许多人深受他们言论的影响，尽管这些主张并没有客观事实的支持。营养行业、心理自助业等也同样如此。许多人对自己的能力缺乏信心，非常容易被那些充满确定感的人所吸引。

病态的确定感是一种对身份的寻找

当自我很脆弱时，我们就容易受到那些承诺给我们指明道路的人的蛊惑。我们让它们成为自我认同的一部分，从而获得一段时间的安全感。当然这是短暂的，因为如果我们只是盲目地选择了一条并非通过自己努力探索出来的道路，我们就很难始终保持积极地看待自己。

我们可以向那些似乎有着明晰答案的人学习，学习他们如何生活、饮食、锻炼和处理情绪。但是如果你不承认因为对自己独有的思考能力和生活方式有所怀疑，自己全盘去接受他人的理论，那么当你发现自己所确定的并非最后的答案，或者并不是专门为你量身定做的答案时，你很快又会找到另一位大师来引领自己。

确定感本身并不是病态的。我们无法在做每一个决定之前都依赖直接经验。然而，如果我们与他人合作，并利用共情找到可以请教的人，情形就会截然不同。这意味着我们要乐于学习。

病态的确定感让我们无法理解学习是一个终生的过程，它给我们带来快乐，让我们的世界永远充满乐趣和意义。持续的学习可以帮助我们建立认同。然而，如果我们不愿意接受新观点或者承认自己有所不知，我们就会丧失支持和增强身份认同的机会。

如果你承认自己的问题和缺点，然后在人生旅途中找到可以帮助你的人，你就能学到与人相处的必要技能和知识。只是为了给人留下深刻印象而不懂装懂或者人云亦云，随着时间的推移会被人逐渐淡忘。它只会给你带来更多的失望，而不是你渴望获得的亲密和接纳。

日志问题

• 你是否暗自希望自己是那个知道生活中所有问题答案的人？当有人向你咨询而你并不了解真相时，你会不会感到不安？请解释一下。

• 你是否会因为担心可能会被认为软弱无能而害怕进入人生的灰色地带？

• 你是否有信心对答案进行探索，而不是为了维护自己的形象而迅速做出回应？

• 对于那些果断的人和那些能够全面看待问题的人，你是否能保持同样的尊重？

• 你是否很容易被那些听起来很自信、看起来无所不通的人打动，而不去仔细检查他们所说的是否事实？你是营销人员的好目标吗？为什么会这样？

进行实践

1. 即使你认为自己对特定的情形有了答案，也向别人讨教一些问题，试着从他们的角度来学习。尽力向周围所有的人学习。不要对他们是否会有帮助先入为主。

2. 和他人就某个问题的答案达成共识，然后看看这种态度如何影响你与他人的关系。

第十一章

你的渴望如何选择你的爱情——理想之爱

近年来一些研究表明，人际关系良好，尤其是婚姻特别美满的那些人会比单身人士生活得更健康、更平衡，取得的成就也更高。

这些研究很有说服力。这背后固然有很多因素，但最显著的因素可能是婚姻幸福者拥有建立真诚的亲密关系的能力。亲密关系是帮助解决魔咒所带来的痛苦问题的核心要素。亲密关系让我们能够进行现实检验，而这价值千金。我们亲近之人提供的反馈循环可以帮助我们培养稳定的情绪，并摆脱歪曲的认知，比如说理想之爱（image love）。

正如我在开头几章所指出的，具有成就上瘾的人或其他特别想取得成就的人，通常很难建立和维系亲密关系。我指的不仅仅是浪漫的爱情，还有高质量的深厚友谊。那些为了取得成就而排斥与他人建立密切关系的人，掩盖了早期发展时产生的问题。成就成为他们的替代性关系，在那里，他们可以拥有控制、权力，但却并不需要亲密感。

因此，魔咒就产生了：他们不需要面对自己的弱点，而那些已经学会如何保持亲密关系的人会心甘情愿或者满怀深情地做到这一点。然而，一旦他们意识到未解决的过去对他们现在行为的影响，他们就会开始改变自己的故事，揭开多年来提供虚假保护的面纱。

一旦成功者认为自身的弱点和所遇到的内心挑战是消极的——他们认为这可能会暴露自己无法面对或不想暴露的部分——他们就会企图掩饰。我和那些希望“真正享受人生”的成功者有过上百次的谈话。事实上，尽管他们表面上或许在别人眼中是人生赢家，但是他们并没有充分享受到所渴望的亲密关系。因此，他们并没有感到满足。

爱会让人分心吗?

许多成功者认为爱情会让他们分心，因为爱情与控制有关。尽管控制通常是一种错觉，但许多成功者觉得在亲密关系中，他们的控制权更少或者会失去控制。

这种感觉与事实相符吗？不，他们想象中的影响从未发生，除非发生在一段非常不健康的关系中，他们的伴侣无法自由地提出异议或独立自主。失控的感觉通常是因为他们在面对亲密关系中的弱点时，感到自己的生活不再完美或不再自信。

因此，他们对爱的认知就产生了扭曲。换句话说，当一个人所讲述的有关自己的故事被证明不准确时，他就会真正失去控制。总之，他的故事本身就是控制的一种形式。当这个故事不是基于亲密关系所揭示的现实时，它就被默认为是一个虚构的故事。它是不准确的，而且会给亲密关系的维护带来一连串让人应接不暇的困难。

沉迷于掩盖真相

缺少亲密关系的人会不顾一切地不断追求成就，会大胆地尝试获得距离遥远的爱和尊重，认为爱会让他们分心。觉得自己受到了“魔咒”的人想要得到爱，但他们所选择的内心故事却会把爱推开。

成功者往往会把人生所有其他的东西放在一边，只是为了在各种征途上脱颖而出，可能是工作、新业务、完善自己的外表或者是以各种方式获得名声和地位。

这并不是说亲密关系从来都没有让人分心的时候。当老虎伍兹（Tiger Woods）第一次在美国职业高尔夫球协会（PGA）崭露头角时，他的父亲厄尔（Earl）非常努力地帮他保持专注。这是他人生中致力于达成目标的一个重要时刻。彼时，这种一心一意的专注很适合他，也符合他的需要。

不久之后，对爱情带来的亲密关系的渴望超越了对朋友、家人和同事的感情，将成为所有人的自然需要。讽刺的是，在伍兹初次订婚时，记者们批评他不像前几年那样专注了，质疑他是否还有意愿继续努力成为职业高尔夫球协会的顶级球员。

当然，我们都知道他的婚姻只会让他变得更加强大，他一如既往地出类拔萃。他的婚姻使他能够在生活中建立起平衡。这些天，他一直在谈论如何继续学习，为以后育儿奠定基础，就像他对待高尔夫球比赛一样。

你的渴望会决定如何选择你的爱人

在相识之初，我们爱上的其实并不是另一个人，我们爱上的是那个形象。它似乎能满足我们那些强烈而持久的渴望，而让我们无须去迎接那些内心的挑战。在生活的各个方面，我们都不希望让自己接受挑战，却看着其他人游刃有余。

浪漫激情让我们意乱情迷，我们超越了时空，忘记了责任，从当下所面临的困境中逃离。突然间，我们发现了一种抗抑郁药，它比任何药物都能更好地疗愈精力耗竭，或是我们对自己和过去生活的胡思乱想，特别是在短期之内。一开始，我们爱慕的往往不是那个真实的人，我们只是把新伴侣当作逃避和迷恋的对象——他 / 她能引领我们前往一段暂时逃离自己的迷人旅程。

大脑的情感部分对人际关系有着强大的影响。什么样的个性能够吸引你很可能早就在你大脑中的情感中心定型了。如果你有成就上瘾的症状，那么你一定会从另一个人身上寻找某种形象来让自己振作。这种态度会影响你发展长期的亲密关系，严重损害你们之间的性生活，让你的感情不断遭受挫折。你们的结合并不是建立在相互了解的基础上，而是建立在功能性价值上。它的作用是提升你的自尊。

不同年龄阶段的爱

理想之爱在不同的年龄，因性别和婚姻状况而表现各异。让我给你举几个例子，看看不同年龄阶段的来访者是如何让他们的渴望支配自己的爱情选择，从而损害自身利益的。另外我还写了一个例子，说明破坏性的渴望如何转变为对更深层次的爱的健康渴望。

帕蒂（Patti）今年32岁，未婚，她最近给我打了个电话，当时她正和新男友驾车出行。她的情感史一波三折，总是选择摩托车手类型的男性，而如果他们的性格没有她所想的那么优秀时，她就会感到很受伤。她兴奋地叫道：

“医生，我和我的新男友在车里。他也是位医生，你听到了吗？医生。”（要记住这一点：你投射到别人身上的形象，与你此刻的渴望直接相关。）

最近几年帕蒂都没跟人约会过。她一直在与多动症、抑郁症和周期性滥用可卡因作斗争。现在她很轻松，每天都进行锻炼，去年瘦了22磅，自我感觉好了很多。她说，从我18个月前认识她的时候起，她就不再约会，直到她的生活安定下来。她总是担心自己会重蹈覆辙，在恋爱中做同样“愚蠢”的决定。她被那些冲动的、吸毒的和四处漂泊的男人所吸引，他们很不稳定，过着一种“刺激的生活”。

现在，在完成学术课程后，她现在的工作是一名X射线技术员，这是她在医院里的第一份工作。她遇到了一位医生，一位真正的医生，她激动得几乎无法控制自己的情绪。

在我们通话后不久的咨询中，她问我在听到她第一次与一位医生约会让她如此兴奋之后，我有什么想法。我说：“帕蒂，这听起来像是行为成瘾。你把这个人理想化了，而你却似乎对他知之甚少。”

不用说，几个星期后幻象破灭了，帕蒂意识到这位医生自己也有很多问题，尤其是他竟然喜欢穿女性的内衣。她注意到，他在她的公寓留宿几次之后，她的内裤不见了。一天晚上，她在他家里过夜时，无意中发现自己的内衣搭在他的烘干机上。

故事的后续基本就可以预见了。帕蒂渴望在一个男人身上寻求安定感，最终想要打破过去的模式，进入一种稳定和正常的关系。尽管这位医生履历光鲜，但却不是她所寻找的那种人。但她认为，有这种资历的人一定是情绪稳定的人。

有一次我问她，如果那个医生是她家乡的卫生部门主管，她还会不会和他约会。当然，她说她不会。“他甚至长得都不好看。他在床上的表现很糟糕，完全以自我为中心。但最糟糕的是，我差点就接受他了。破天荒头一次，父母对我的约会对象如此满意。我妈妈告诉自己所有的朋友关于那个‘医生’的事，我终于觉得她以我为骄傲了。”

帕蒂家有2个孩子，她是那个妹妹。她的哥哥上过大学，已婚，有孩子。帕蒂把自己称作“永远的阿姨”，不想让自己当“母亲”。而32岁的帕蒂却渴望走进婚姻，找一位跟之前那些不安分的男人不同的伴侣，并且想趁着“在一切还来得及之前”成为一个母亲。

她内心深处最深切的渴望是打造一位执着于一个人的“形象”的母亲。这些渴望在不同的年龄和不同的性格类型中表现不同。例如，我的一位年轻病人马修（Mathew）生活在禁欲主义的氛围中，他有另外一种愿望。

我只想找到乐趣

马修今年17岁，是一名出色的运动员，也是一个不苟言笑、表情严肃的年轻人。他的家庭氛围很压抑，父亲是一名律师，母亲是一名金融分析师。这家人看起来都那么强硬，这让我颇为诧异。

他的父亲神情肃穆，而在马修试着说明最近的焦虑和酗酒问题时，他的母亲不停地打断他。我第一次看到马修表现出兴奋的样子是在一天晚上，他走进来，开始跟我讲他的新女友。“她长得很漂亮，喜欢喝酒和聚会。我知道她可以有所成就，只是她没有努力。我喜欢去她家。她妈妈甚至让我们喝了几杯啤酒。请不要告诉我父母，他们会杀了我的。”

在随后的一次治疗中，马修告诉我，他和新女友发生了第一次性关系。他们喝了些啤酒，在她母亲家的地下室里做爱。之后，马修的成绩一路下滑，SAT 成绩也相当差，他和父母起了激烈的冲突。他被 NCAA[1]一级学校录取，并且确定会获得奖学金。

现在的问题是他的渴望。他的这种欲望对于青少年和高成就者来说并不罕见：他想找到乐趣。相信我，我见过他父母，他们非常无趣。我和他们任何一位待在一起都会觉得不自在。他们会整个晚上都在炫耀自己与名人的关系，会让你坐在角落里听他们讲股票投资组合，直到你昏昏欲睡。

马修从小就被要求出类拔萃。他现在受到全国许多教练的追捧。他真的能上大学吗？如果他不能以一种比他现在更平衡的方式实现这种渴望的话，答案就是不会。

马修是另一个例子，说明如果我们没有意识到自己生命中所缺失的必要情感滋养的话，我们的人生之旅在任何年龄都有可能发生转折。马修是在摆脱自己家庭所编造的一个不准确的故事，即一个人不能同时获得成就和幸福。而我的工作是帮助他认识到这个故事是不准确的，同时帮助他创造出一种更为平衡的获得成就的方式。这只能通过尝试一种新的生存方式来实现。

马修和帕蒂处在不同的人生阶段，但他们都在寻找自身缺失过程中误入歧途。他们并不清楚自身渴求的缘起，所以他们被蒙蔽了双眼，无法看清道路。因此，他们可能会失去以平衡的方式实现自己目标的机会。

---

1 译者注：National Collegiate Athletic Association，即美国大学体育协会，是由全美国千余所大专院校所参与结盟的一个协会。按照各校的实力和在体育上的投入又分成第一、第二和第三级别，分别为 Division I、II 和 III。特别突出的体育生隶属 NCAA 一级和二级，大学可以提供运动员奖学金，根据体育生的学术成绩以及体育专业技能和成就进行发放。

我只想要英俊多金的布拉德·皮特

玛丽莲（Marilyn）今年55岁，非常迷人，热情奔放。她是那种相处起来能让每个人都感到很舒服的人，或者说至少会尽力让人感到舒适。她成年后一直从事销售工作，做得也相当成功。

她最近在一场硝烟弥漫的诉讼大战中结束了一段漫长的婚姻。在整段婚姻中，丈夫的收入都比她低，他经营着一家入不敷出的公司，却可以经常去打高尔夫，和他们的孩子一起参加体育赛事。然而，他却指望玛丽莲担负家里的大部分开销。

他们把第一套房子卖掉了，因为他经营不善，加上在玛丽莲并不知情的情况下欠了美国国税局一大笔款项。她曾3次发现他有外遇，但因为害怕单身，总会接受他下不为例的借口。她也没有信心独自抚养孩子。她开始在晚上借酒浇愁麻痹自己，否认婚姻的糟糕状况。

如今她离了婚，却担心自己年纪太大了，找不到对她有好感的人。最近，她被迫取消了离婚后所购买房产的赎回权。随着经济形势的恶化，她偿还房贷的能力也在下降。

在一次小组会议上，玛丽莲告诉我们，她在婚恋网站上认识了一个男人。“他自己有公司，非常富有，离婚已有10年了，在玛莎葡萄园岛有一处临水房产。”她说他63岁了，看起来要比实际年龄显老一些，但“那又怎样，我觉得我真的很喜欢他。”

“那又怎样”不是很有说服力。虽然外表对她来说很重要，但玛丽莲并不是一个过度物质化的人。你在读到她的故事时，你就能理解她的渴望和她的困境。在她成年以后，她第一次渴望能有人带给她经济上的安全感。罗杰

（Roger）有这个能力，但问题是她对外表太过看重。她说她的前男友长得很像汤姆·塞立克（Tom Selleck）。这下你明白了吧！

玛丽莲迟早会意识到，尤其是在她参加了团体讨论之后，这段关系是建立在罗杰无法满足的渴望的基础之上的。她认为她需要经济保障和一个英俊的男人，但她真正需要改变的是她认为自己年老色衰的信念，并重新审视自己需要一个男人来照顾她的这个故事。

尽管多年来，她一直在支撑自己和家人的经济，但从她的话语中似乎可以看到，她仍然觉得自己无法自立。多年来，她一直认为自己的外表才是吸引男人的主要因素，如今她日渐衰老，越来越觉得自己配不上别人了。她仍然相当有吸引力，但她的故事还没有厘清，让她可以认清自己，并最终对异性做出明智的选择。玛丽莲仍然纠结于外表的价值，她不知道如何在一个男人身上同时找到安全感和真爱。

和一个真实的人真实地相爱

尼克（Nick）是一位房地产经纪人，他比玛丽莲小10岁，在他身上，我们可以看到另外一种渴望：这是一种健康的渴望，主要归功于他接受了2年的治疗，并且积极参与嗜酒者互诫协会的活动。尼克本是一个酗酒者，目前正处于康复阶段。他正在与妻子办理离婚，妻子与他同龄，也是45岁。

我遇见他时，他刚刚开始戒酒，他的业务很不景气，他妻子“非常迷人，热衷健身，自己开了一家健美中心”。她提出离婚，因为她和在她那里健身的一个男性在一起了。在他来我这里不久之前，他发现了这桩婚外情，内心非常崩溃。

我们第一次见面时，他跟我提了好几次他妻子有多么美貌、在事业上如何成功。很明显，他为自己工作不够出色而感到内疚，他也知道酗酒严重影响了他的工作能力。下一次会面，他也带妻子参加了。确实，她很有魅力，口才很好，但也很自恋，喜欢夸夸其谈。

他恳求她不要离开自己，放弃与27岁小伙子的那段婚外恋，但她拒绝了。尼克跑出我的办公室，砰地关上门，威胁要自杀。

在下一周见面时，我告诉他，我可以看出他有多沮丧，我也看到了他是如何把雷吉娜（Regina）视为他的法官和陪审团的。我谈到，为了另一个人完全放弃自我是很危险的，不管这个人是谁。

在表达了这些想法之后，我告诉他我想帮助他，但是我无法忍受他上周的情绪爆发。他同意了，从那时起，他就一直积极投身于治疗之中。几个月来，他认真地参加每周一次的讨论，在嗜酒者互诫协会找到了一位救助人，每周参加5次活动。今天，在他的婚姻即将结束之际，他变得更加富有韧性。

尼克的问题源于人生的早期经历。在他6岁时，母亲就去世了。随后他的姨妈和舅舅把他抚养成人，他几乎没怎么见到过自己的父亲。父亲在他9岁时再婚，他的第二任妻子又给他生了2个孩子。他的父亲搬到了一个半小时车程远的小镇，在尼克的这段人生关键期，他逐渐不再和儿子保持联系。

尼克从14岁开始喝酒，和“那些把我当弟弟看待的邻家大哥”厮混在一起。在高中毕业那一年，他开始吸食可卡因和大麻，嗑止痛药，尽管他被大学录取了，但酗酒和吸毒导致他在大二开始时辍学。

他在曼哈顿的一家俱乐部里认识了雷吉娜。她是一个“喜欢享受美好时光的大学预科生，但在某种程度上比较照顾我，教我在社交场合举止得体”。在她从纽约大学获得商科学位后，他们住在一起，之后就结婚了。雷吉娜替代了他母亲的角色，因为尼克渴望有一个女人能无微不至地照顾他，给他自信。他是一个身材瘦小的男人，总是认为自己“无法讨得漂亮女孩的欢心”。所以，能够和雷吉娜约会并娶到她，对尼克来说就像是梦想成真。

雷吉娜向我承认，她总是因为过度卷入而惹上麻烦。“我知道自己母性泛滥。我从不设限，然后我又讨厌被利用。我们结婚以来，尼克一直在忽视我。我们有2个女儿，而尼克就像是家里的第3个孩子。”我只同时与雷吉娜和尼克工作过3次。从那以后，她就退出了，说没有效果。她拒绝谈论自己的婚外情，说这与自己的情人无关，而且她终于找到了一些人生乐趣。

尼克对于女性一直持有一种相当理想化的看法，认为如果自己能和一位“美女”在一起，就可以弥补自己不够英俊这个缺点。在我们一起工作的过程中，他对女性产生了新的观点，当他开始更多地思考自己，这种观点似乎也越来越深刻。

当他不再冲动，开始管理自己的生活，更加直接果断地处理冲突（没有毒品或发泄行为），他的自我变得越来越稳定。他渐渐不再那么疑虑重重，业务开始好转，就在几个月前，他遇到了一位高中时的老朋友玛丽亚（Maria）。在西海岸住了几年之后，她重返故地。

她也离婚了，有一对9岁大的双胞胎女儿。她不是那种会让尼克一见倾心的女性。她很有魅力，但并不会让人眼前一亮。她身材稍微有些胖，但最重要的是，当尼克与她订婚时，她告诉他自己患了一种罕见的癌症，这种癌症在大多数情况下都是致命的。令为她治疗的医疗团队感到吃惊的是，在8个月之内，她熬过了化疗和放疗，肿瘤也在缩小。更令人感到惊讶的是，尼克已经爱上了她，并告诉她自己会陪着她走“人生的每一步”。曾经的尼克为了弥补自己的低自尊而关注他人的外在，而现在，他已经开始渴望完整、忠诚的关系，而这种亲密关系基于对爱人的全面了解。

这种转变会开启通往亲密关系的更深层途径，而不是让我们渴望一种能带来当下的解脱，但最终让我们不满的形象，并且这种渴望无法被满足。尼克对自己的信心增强了很多。他已经进入了一段比以往任何时候都更加成熟的关系。他选择和一位行走在生死边缘的女性在一起，她虽然并非绝世美女，但是拥有尼克极其看重的素质和品格。他已经从理想之爱转变为真实之爱。

你的故事是否让你产生了渴望?

你也看到了处于不同年龄段的来访者是如何受到特定渴望的驱使的。正如你在这些例子中所了解到的，在改变自身内心深处的渴望时，你不需要感到无助。当你以开放的心态去面对内心虚构的故事的缘起，并通过与他人的真诚关系来重新改写内心故事的时候，你的心灵就获得了自由。

日志问题

• 无论你现在是已婚、单身，还是离异，你能否意识到自己此刻渴望一种什么样的关系？

• 你能否意识到自己在人际关系中缺失了什么？在期待别人满足你的需求之前，你会把自己所意识到的作为一个线索，去寻找缺失的部分吗？

• 你能区分健康的渴望和不健康的渴望吗？

• 你是否能识别，在爱情中，你的驱动力其实主要是为了弥补你对自己的不满，而不是与他人建立健康的关系？这些驱动力的具体表现是什么？

• 你觉得自己清楚如何去深入了解你喜欢的人，而不仅止于表象吗？如果不是的话，那么是什么干扰了你的判断？

• 你认为自己能长期保持有意义的亲密关系吗？

• 如果不是的话，哪些原因妨碍你建立一段长期的、高质量的亲密关系？

• 对你来说，一段有意义的恋爱关系的关键因素是什么？你是否有过深爱的经历，你真正了解对方的性格，因为对方的特质而爱他 / 她？

• 如果没有的话，你认为是什么让你无法拥有这样的经历？

• 在一段可能的恋爱关系中，最开始给你带来最大影响的形象是什么样的？

• 从这些看法中，你能了解到关于你自己的哪些信息？

进行实践

1. 如果你总是喋喋不休，无法跟人培养亲密感，或者你在用任何其他方法与人保持距离，那么在阅读这本书的过程中的某个时刻，可以与配偶、朋友或家人分享一下你日志中的某个部分，坦陈那些特别流露真情的内容和你在亲密关系方面遇到的困难，享受亲密的时刻。

2. 把那些对维持亲密关系造成最大干扰的情感考验记录到日志中。下定决心重新审视这些考验，直到你摆脱它们带来的负面影响。

第十二章

赢得平衡——非凡的平庸

你是否会努力让自己变得卓越（exceptional），却忘记了“出 众（超越普通）”（extra ordinary）的含义？中间的空格并非语法错误。当你确实胜人一筹时，自然就会非常卓越。但如果你在努力让自己变得卓越的过程中忽视了普通，忘却了每个人都有的普遍需求，就一定无法变得优秀。

努力让自己变得卓越，却忽视日常的基本需求，以放弃与周围人的密切互动以及其他人生乐事为代价，这往往是提示存在着前面章节中谈及的更深层次问题的一个明确标志。

记住，成就上瘾披着需要不断追求成就的外衣，这是我们这个时代最大的谎言之一。因为可以带来经济利益和回报，它被我们的文化所强化，而一旦缺乏坚实的基础来支撑成功人生的核心原则，你就很难变得优秀。这是遭受魔咒困扰者的生活中常见的一个困境，那些高度成就上瘾者尤其如此。

容易发生的认知扭曲

认知扭曲往往伴随着误解。不理解卓越和超越普通之间的区别会导致一系列问题。当然，我并不是说拥有特殊的技能或能力就会自动导致过度的压力，从而导致失败。

迈克尔·菲尔普斯（Michael Phelps）是奥运会历史上最伟大的运动员之

一。他有一种卓越的能力，能像剑鱼一样游泳，但同时他也存在忽视自身普通需求的问题。如果他事事都努力做到最好，他就会被问题所困扰。

当我们试图在所有方面都卓越非凡时，人生就会变得问题重重。因此，我们最终无法欣赏那些不需要付出太多努力、不需要“功成名就”的平凡乐趣。对于成功者或那些痴迷于成功的人来说，如果他们没有为之付出努力，他们往往很难让自己从中感受到快乐。如果快乐自然而然地就来到身边，他们就会感觉很不对劲！

我不想成为平庸之辈

我之所以写这一章，是因为我在团体辅导课程中一再观察到，成功者经常提到他们不喜欢“平庸”（mediocre）这个词，这些人极其害怕自己的表现或外表只是“中等”（average），他们想要出类拔萃。就像我的一位来访者经常说的那样，他们不想成为一个“普通人”。

我还注意到，在这些讨论中，追求成就者喜欢最大程度地缩减那些维持平衡、健康和幸福所需要做的日常事务。他们把不太引人关注的行为和表现看作无关紧要。

我经常问我的来访者，他们是否认识一些人能在自我关爱的五个基本方面保持平衡：睡眠、营养、锻炼、有意义的工作和人际关系。正如你所料，他们最多只能说出一两个名字，而大多数人都说他们不认识在所有这些领域都能保持平衡的人。

我创造了“非凡的平庸”（exceptional mediocrity）这个词，来强调有极少数的成功者可以在大部分时候在这五个方面都做得很好。在大多数人的心目中，“平庸”并不是一个褒义词，因为它意味着平凡。然而，在我们追求卓越的荒谬过程中，我们作为普通人的需求却无法得到满足。

在今天的文化氛围中，如果一个人能够持续地处理好这五个方面，这确实是令人惊叹的。成功者，尤其是有成就上瘾倾向的人，往往不甚重视这些看似只需举手之劳的成功（他们通常会重视工作领域，认为这才是最重要、最有价值的）。

毕竟，只要你把业绩数字亮出来，谁会在乎你今天吃得是否营养或者有没有锻炼身体呢？只要你在西海岸签了合同，谁会在乎你在去机场之前，有没有和爱人甜蜜地告别呢？

答案是不会有多少人在乎。锐意进取者很少会在这些自我关爱的方面表达对他人的关心，因为自我关爱或者照顾他人被放在次要的位置。很多人不愿承认他们的感受确实如此，但只要问问他们身边重要的人，答案就昭然若揭了。

我的一位来访者艾米丽（Emily）是狂热的自行车爱好者，几周前刚刚完成了146英里的骑行，今年又要参加 Mass Challenge 公司[1]的比赛。她是一个主流服装品牌的采购员，每周出差一次，最近刚结束一个为期10天的出差，刚从中国回来。她离过婚，有2个成年子女，一个是教师，另一个在读大二。在过去的8年里，她一直在和一个男人交往。她很有魅力，在46岁的女性中很少能见到像她那样有氧运动能力这么强的人。

她一年前从欧洲打电话给我。在一位朋友的推荐下，她在飞机上读了《成就上瘾》这本书，其中“非凡的平庸”这一章尤其让她记忆深刻。

艾米丽在很多方面都很不寻常。例如，她没有读过大学，但多年来她在

1　译者注：Mass Challenge 是美国著名的非营利性孵化器和加速器公司。

公司里步步高升。她手下的所有人都有商科学位，在真正开始实地工作之前都接受过2年的严格培训。

她是一位尽职尽责的母亲，大家都认为她的儿子和女儿非常优秀。她的雇主对她评价很高，认为她经常加班和出差，对待工作兢兢业业。她没有朋友，在社交上很封闭。工作之余，如果不出差的话，她与人唯一的交往就是每周和那位男性约会。她在周末进行严格的锻炼，但由于出差和工作到深夜，她在工作日的锻炼计划经常会被取消。

和大多数人不一样，她喜欢锻炼，但似乎无法安排规律的计划，因为其他各种需要占用了她的时间。那么这种生活方式有什么不好呢？如你所见，艾米丽追求卓越的生活方式并不那么成功。她没有体验到满足自己真正的需求所带来的好处，包括有足够的时间来恢复活力。

疲于奔命

我希望我能给你们看一段艾米丽在某周匆忙加入团体讨论的视频。她每次过来情形都大致相同。她迟到了，因为在洛根机场堵车了、飞机晚点了，或者她的老板耽误了一些时间，因为对方想了解她上次出差的情况。她看起来倦怠之极，不堪重负。

在我们的治疗过程中，她故作坚强，说些玩笑话，试图让我相信她的生活方式很不错，但事实并非如此。在不出差也不加班的时候，她会在周末长途骑行，然后在周一早上4:30起床，搭乘早班飞机。她就是这样安排她的生活的。她很聪明，但她不明白为什么每到周末，自己都会如此疲惫不堪。

和她交往的男子斯坦利（Stanley）为人友善，有点以自我为中心，在成就上瘾方面也有自己的问题。他在周末的大部分时间里都在忙于房地产生意。他不明白为什么艾米丽不能像“这一行的所有人”一样安排出差。

艾米丽知道，他认为她可以更好地管理自己的时间。她也知道，他认为她应该为能赚这么多钱，得到这么高的评价而心怀感激。他说：“毕竟在当前的经济形势下，很少有人能做到你这个位置，尤其是对于没有商科学位的人来说。”“你去其他什么地方可以让你在46岁这个年纪还能有这么高的收入？”男友这样和艾米丽分享他对成功的看法。

他最近和她一起来参加团体讨论，给出了自认为最好的建议。“看，你不能放弃。你不能抱怨加班和出差过多。你的收入不错，又是公司的高层。你还想要什么？你很成功，我们认识的每个人都羡慕你。你只需要跟别人设立更多的边界，这样就会感觉好一些。”

我请斯坦利确切地告诉我，艾米丽应该如何“设立边界，让自己感觉更好”。他给出的回答模糊并且没有逻辑性。我认为这是因为他无法理解一种对他来说似乎是“失败者”的生活方式。如果你能赚到钱，并且在企业界受到好评，那么你就是赢家。相比之下，其他任何东西都黯然失色。也许满满的日程和稳定的收入对他来说很重要，但对艾米丽来说却并非如此！

为她的故事所累

在她提出离婚前，艾米丽的前夫有过2次婚外情。现在他住在西海岸，平均每年见孩子们一次。她觉得自己没有能力吸引男人，并对自己婚姻中的遭遇感到耻辱。如果离开斯坦利，她会非常害怕。毕竟，他病态的确定感可以打消她的自我怀疑，有时她会因为斯坦利似乎总是知道问题的答案而感到安慰。

你能想象她每天对自己讲述的内心故事是什么吗？她跟他人分享的竞争和成功的故事掩盖了她真正的内心。你可能会想：这位女性去中国寻找新工厂，为服装行业的一个大公司做买手，她却害怕失去斯坦利？要记住，商业世界的成功并不能让她在爱情世界里如鱼得水。

艾米丽也因为不能减肥而沮丧，尽管她经常会在周末长途骑行。她经常在四处奔波时不好好吃饭，即使待在家里，大部分时间也会因为压力大而草草了事。她为自己日益衰老而忧心忡忡，担心自己越来越没有吸引力。她觉得所有进入这个行业的年轻人精力都比她旺盛，也接受过更好的训练，至少艾米丽是这么认为的。

最重要的是，艾米丽从不认为生活中的自我关爱对她至关重要。她总是觉得可以明天吃得好一点，或者在周末补上前一周欠下的锻炼。她可以在飞机上补觉，还可以在下次出差时从印度给母亲带一份很棒的礼物，来弥补她忘记母亲生日的过失。她错过了侄女和侄子的生日聚会，失去了与老朋友的联系，却又抱怨自己的社交圈都是泛泛之交。她的朋友们都是工作上的伙伴，彼此缺少真正的关心。

艾米丽超重的原因并不难猜——原因在于她的生活方式、她的认知方式（她告诉自己但并未与他人分享的真实内心故事），以及她的生活状态。除非她改变对自己的看法，并最终改变生活方式，否则一切都不会改变。

祈求出路

艾米丽把自己生活中的许多重要方面都抛到了脑后。然而，当她接到母亲的电话，听出她声音中的失望时，她感到了内疚。

艾米丽怀着很大的愧疚感，就像她经常说的：“我无法很好地平衡工作、家庭、原生家庭、锻炼和饮食。对我来说事情的头绪太多了。有时我真的会幻想飞机坠毁，这也算一条出路。我知道这听起来很疯狂，但我不知道该如何拯救自己的生活，如何满足每个人的需求，如何变得快乐。我已经有很多年没有感受过快乐了。”

艾米丽才刚刚开始意识到她和斯坦利所认为的平庸生活的价值，进而理解了“非凡的平庸”这一悖论。坚持吃有营养的膳食，经常锻炼，培养人际关系，做有意义的事，拥有充足的睡眠：能够做到这些真是非常难能可贵。但这五个方面是互为条件，相互关联的，而自我关爱是健康生活方式的基础。然而对一些人来说，定期关注这些生活的基本方面似乎是很不寻常的。

一再重复的故事

长久以来，艾米丽一直渴望被爱，因此她总是试图去无微不至地照顾所有人。这些压力给她的生活带来了巨大的负担。她总是依赖同一套旧的理论，最后当然会面对同样的负面结果。

当然，有时候她能处理好这一切，得到了掌声，在短时间内会感觉良好。但第二天早上醒来时，她知道她必须重新再来一遍，她又立即感到疲惫不堪。在别无选择的情况下，她越来越努力地去取得一定程度的成就，这样可以平息她脑海中消极的声音。她在使用自己仅有的工具，但因为没有人协助她看清方向，她选择了错误的地图。

抽丝剥茧，最核心的原因还在于她早年的故事。这导致她对成就上瘾，并驱使她去证明自己的价值。所有的情感考验都是缺乏平衡和幸福的结果，让我们走向不堪重负、疲惫不堪的恶性循环。你可以理解为什么艾米丽会有认知方式上的扭曲。她像我们社会上许多成功者一样生活，承受着巨大的压力，无法充分地认识到是什么让她无法拥有健康的生活方式。

到目前为止，她还没有遇到一个平台来获得必要的理解，以解决她那显而易见的成就上瘾问题，并从她一直认为会带来满足和内心平静的永无休止的完美主义中解脱出来。她在不知不觉中贬低了自我关爱的价值，也不明白健康生活方式的不同寻常之处对非凡的成就有多么重要。

自我关爱的基本方面是成功生活的核心，也是个人和职业持续成功的动力。我们的社会贬低了那些貌似普通的行为，却又极度吹嘘那些虽然具有媒体价值、但在本质上却很肤浅的行为。但无论是艾米丽还是你，都不需要再相信过去的记忆所形成的内心故事。

构建你个人的根基

虽然艾米丽是团体的新成员，但她每周都能获得新的见解。尽管收到的反馈让她感到受伤，但她正在建立自己的个人基础。她每周都会继续参加团体，试着理解她必须学习什么，需要试图忘却什么，才能生活得更快乐和更平衡。

艾米丽"孺子可教"，因为她渴望获得自由，她最终会扫清通往内心平静的道路，同时发展出她真正需要的具有韧性的自我。在这条道路上，她必须接受自己是个普通人，知道自己既不"逊色于人"，也不"比别人更强"。

你必须像所有其他健康的人一样培养情绪、心理和身体的稳定性和力量，谦逊地接受这一现实，即我们人类需要把自我关爱作为生活的基础。我们的能力能否维系取决于这个基本事实。

日志问题

• 你是否看重那些在社会上没有受到足够重视的自我关爱的部分？例如，没有人会知道你今天是否锻炼了，或者你的饮食是否健康。如果这些行为都不能让世人赞美你，你会因此低估它们的重要性吗？

• 你能意识到什么时候自己感觉累了，什么时候需要休息，什么时候应该睡觉吗？你会继续工作、打扫房间、回复邮件等，直到筋疲力尽才停下来吗？为什么？

• 你能意识到自己饿了吗？你有固定的吃饭时间吗？

• 你是否会错过正常的吃饭时间，甚至对此引以为豪，想让你的同事知道你忙得连吃饭的时间都没有？这样做的目的是什么？

• 你是否会偷偷计算你已经工作了多少个小时，并让别人知道你有多忙，然后暗自窃喜？

• 你是否认为自己努力工作是一种值得骄傲的经历，这让你在其他人面前更有优越感？

• 你认为请假陪孩子看电影的同事是在偷奸耍滑吗？

• 你是否极度反感“平庸”和“一般”这两种描述？

• 你认为你的条件决定了你必须在某些方面超越别人，否则你会感到泄气吗？

• 如果你对以上任何一个问题回答“是”的话，你能解释一下为什么吗？

• 你知道有多少人能在这五个方面都保持平衡？你最看重哪些方面？你最不重视哪些方面？

进行实践

1. 尝试平平常常地过一天。不要做新的承诺。让别人来承担原本你会自然承担的责任，体验过一种平衡的生活是何等的轻松和有趣！

2. 注意一下与人交谈时的感觉，不要试图展示自己的优点或给人留下深刻印象。在别人面前直面自己对成为普通人的恐惧。

3. 让你身边的人知道你害怕自己不够好。能这样做是非常了不起的！

第十三章

不要以自我为中心——共情的障碍

“以自我为中心”是一种认知的扭曲。共情是消除“魔咒”所带来一切影响的核心技能。与他人建立真诚的关系是培育新的故事，从而获得个人自由的途径。

如果你在亲密关系中不能以共情为核心，那么你只会变得自以为是。当你以自我为中心，长期关注自身的成就，夸夸其谈，心不在焉，不停地给建议时，你就无法真正地与他人建立联结。

亲密和信任的关键因素

如果你想获得成功，无论是在个人生活还是在职业上，尽可能地培养共情的能力是绝对必要的。共情，即能对他人的特殊体验做出理解和回应，是管理人际关系雷区的关键。

共情还可以帮助我们对各种不同情境进行评估，引领我们理解和结交生活中性格各异的人。只有认识到共情的价值，我们才能运用这种能力达到更高层次的幸福。通过共情，我们也可以培育对生命有所滋养的故事——在这个故事里，我们与他人产生联结，并激发他们与我们建立联结。

共情帮助我们决定谁是可以信任的，应该对谁敬而远之。它能让我们透过表面看到问题的实质，并确定某种情况或者某个人的真相。与同情和怜悯不同，它是客观的、着重于当下的，总是关注独特性，而不是普遍性。

当共情能力缺失的时候，我们就很难信任别人，因为内心会充满被评判的恐惧。因此，它对我们的健康来说至关重要。它可以帮助我们缓解紧张，建立信心，减少应激激素的释放。在适当的时候，它会增强我们发展深厚关系的能力。

高成就的关键

共情拓宽了我们的视野和格局，延展了我们舒适区的范围，这一切都与和人准确沟通有关。一旦发现如果不努力提高自己的共情能力，生活将会受限，大多数人就都会想了解怎样可以扩大自己的共情范围。这对于获得高成就和相应的成就感来说是必不可少的。

仅仅知道什么能增强共情能力是不够的。了解什么会阻碍共情的发展同样重要，而且可能更为重要。了解什么是无效的之后，我们通常就可以知道什么是有效的，或者至少找到一个新的方向。

自从2000年我出版了《共情的力量》以来，已经有一些研究和文章解释了共情的价值，以及如何磨练提高这一技能。我们现在知道，这种能力是可以传授的。

多年来在我的团体项目中，我多次亲眼目睹了来访者在共情能力方面的进步。我见过一些以自我为中心、被贴上“几乎没有共情”标签的人，共情能力逐渐增强，最终能够理解和应对需要娴熟人际交往技能的复杂人生体验。

关于导致共情难以产生的障碍，以及如何消除它们，尚未有人给予太多关注。最近的很多文章都聚焦于发现大脑中共情和同情心的位置，以及我们怎样才能产生共情神经元，但很少有人关注是什么真正削弱了共情，这是本章所要讨论的重点。

倾听的平衡

妨碍共情能力发展的最严重阻碍之一是糟糕的倾听技巧，最关键的是要意识到自己说话和交流的方式。我见过成百上千参加团体治疗的专业人士，他们并没有意识到在夸张地谈论他们自己、他们的专业知识和成就时，其他人感到多么无聊。有些人甚至无法解读那些心不在焉的面孔背后代表着什么。

你在说话的时候，要看着你的听众。如果你想知道自己的讲述是否有趣，你需要的所有反馈都在你面前一览无余。当你在打电话的时候，要确认电话那一头的听众感受如何。

你可以这样提问："你想让我继续说吗？对我刚才说的，你有什么看法？"另外，当你打电话给别人时，要问他们现在是否方便讲电话，或者现在是不是交谈的好时机。别想当然地认为你打电话给对方，他们就得随时准备接听你的来电。

有自恋倾向的人很少能意识到，他们本可以用更简洁的话语表达自己的意思。他们需要成为谈话的中心，这往往会让他们滔滔不绝地说下去。记住，无论是写作还是口述，简洁的言辞表达会更有力。如果你总是说得比听得多，你就切断了共情性交流的可能性。

记住，听着对方滔滔不绝，而你却在暗暗对自己说："她知道她之前跟我说过这些吗"——这不是共情。如果对方一口气说个不停，你可以打断对方：

“我很抱歉打断你，但在你往下说之前，我想让你知道你已经讲过这件事了。”你在以一种得体的方式给对方真实的反馈：这才是共情。

消极对待自恋者也不是共情。他们需要反馈，但大多数情况下，他们可能得不到反馈，因为自恋的人往往很脆弱，充满防御性。结果，人们会小心翼翼对待他们，从而使双方都丧失了成长的可能性。

你会惊讶地发现，如果你的反馈很有技巧，而且无意带来伤害，对方可能会感激你（因为很少有人敢于向自恋者提供真实的反馈）。给予反馈，而不是直接对一个人下结论，切断建立实质性关系的可能性，这有利于提高你的情绪调适能力。

充满共情的对话必须是互谅互让、礼尚往来的。问问你自己，你们之间的互动是否平等，或者是否有一方经常占据主导地位。问问自己，你是否确实对和你谈话的那个人感兴趣，或者只是想为自己谋求些什么。

如果你知道如何倾听和说出自己的想法，你将永远能在谈话中吸引别人。这屡试不爽。在交谈中，记住要考虑你和对方之间的语流节奏。对方说3句，你会说10句话来回应吗？抑或情形相反？你们的交流是平等的吗？进行跟踪记录，看看你的交流方式揭示了有关你本身和需求的哪些方面。

团体反馈的力量

在前几天的一次讨论会上，一位新成员罗伯特（Robert）向我们讲述了他的紧迫感和焦虑。他描述了他的工作环境、他的家庭出身和他的婚姻，在他讲述时，大家会向他提问。

我可以看出，因为大家一直表现出有兴趣倾听，他觉得很满足。在某个时候，我问，为什么没有人向罗伯特提及，他所讲的内容其实在过去4周的时间里都跟我们说过了。大家都陷入了沉默。罗伯特接着说："我试图想更多地了解自己的焦虑，为什么我和别人在一起时会感到不舒服？为什么我总是觉得自己比不上别人？"

我相信这的确是他的初衷，但我在过去的4周内注意到，他基本都在重复相同的信息。而别人在说话时，他似乎不太感兴趣，没有提出什么问题，也没有对他们说的内容做出多少反应。

这对罗伯特来说很困难。他的确很不开心，但他的参与方式是主要谈论他自己。他一直长时间地停留在自己的世界里。因为他饱受困扰，所以忧心忡忡。这是可以理解的。

然而，如果他想要更多地了解自己，只能通过与他人建立关系，而不是在我们面前对他的生活理智地进行探讨。对于习惯这种方式的人来说，他们至少在最初很难理解，自己这种互动方式极大地限制了共情性交流。他渴望被理解，但你猜怎么着？他通常无法如愿以偿。如果你不给予别人理解，那么也无法总是得到别人的理解。

在我们遇到麻烦时，自然就会退回自己的世界里。但对许多人来说，自恋也是一种关系模式。对于执着于塑造自身完美形象的人来说尤其如此。他们往往会忘记或忽视坐在自己对面的那个人。

在特定的场合下，以自我为中心是可以理解的。如果你昨天被解雇了，或者刚发现你丈夫和隔壁邻居有染，或者为自己取得的某项成就而兴奋，我会觉得你特别专注于自己是很正常的。这个时候，你需要别人对你的关注。但是如果你始终以这种方式跟人交流，自我中心就会成为共情的杀手。

在你的故事背后

以罗伯特为例，他一遍又一遍地讲述自己的故事，而这样学到的东西，要比加入人际互动学到的少得多。正如之前我们探讨过的，如果要彻底了解我们自己，就有必要了解我们的过去。然而，当我们单单通过过去来了解自己时，这就变成了无所不在的防御。换句话说，谈论过去可以让别人了解自己，但是并不适合放在现实互动中，因为在互动中，人们可以通过你实时的行为、反应和沟通来对你做出判断。

过度讲述自己其实也是一种控制，这样似乎可以起到自我保护的作用，但最终会阻碍个人成长。在与他人的交谈中给予和接受反馈，能让我们学到更多东西。这就像有个人在加入团体时说自己非常乐于助人，但在6个月的团体活动中，却没有表现出对他人有任何实质的关心。在他自己看来，他相信自己是乐于助人的（这是一个主观的结论）。事实上，客观事实与他内心的观点并不一致。这是一种很常见的情况。

安全的脱口秀

几个月来，在与罗伯特的个体咨询中，我发现他可以在50分钟的时间里不停地谈自己的事情，不需要我对他的谈论做出任何反应。事实上，他似乎沉醉于自己的思绪之中。当他相信自己对自身的行为有了重要发现时，他常会开怀大笑。

然而，一旦我介入谈话，我可以看出来他是多么容易变得焦虑。突然间，他失去了谈话的方向，并试图回到他觉得安全、可控的独白。他并非有意不与他人进行互动，但这是他唯一了解的自助方式。

罗伯特供职企业的人力资源部把他介绍到我这里，因为他经常很难理解和回应同事们所关心的问题。他是一位缺乏人际交往能力的管理者，无法让别人感到被倾听，所以他与同事的关系处得不甚融洽。他的妻子和孩子也在抱怨。他那处在青春期的儿子告诉他，和他谈话就像看杰·雷诺（Jay Leno）的脱口秀。

所以从本质上说，如果我们在团体活动中仍任其自说自话，活在自己的世界中，这于罗伯特毫无助益，他无法提升理解他人的能力。他想要学习，我相信在温和的指导下，他将开始学着与人沟通，在与人谈话中更合拍，体验到更多的快乐（正如我们在共情性沟通中都体验过的那样）。加入团体后不久，罗伯特的人际交往风格就已经从以自我中心转变为可与其他成员进行共情性沟通。因此，他的精神和活力都得到了相当显著的提升。

日常生活中的障碍

一个人无法亲近他人，并不总是由早期经历、上瘾或各种情感考验所造成的。确有一些现实的问题会对此造成阻碍。我们生活在一个忙碌的时代，大家脚步匆匆，奔向各种任务和成就。如果我们有太多的任务要去完成，但却无法获取足够的支持，共情就会被扼杀。

你是否忙于工作而无法与他人联系？你经常忙忙碌碌的状态是否妨碍了你与他人建立真正的关系？平衡、健康的生活自然需要与他人建立真诚的人际关系。在与平日不同的交流模式中，我们才能得到休息、放松和心灵的复苏。

对于当今社会灌输给我们的生活模式，我们需要抱着审慎的态度。高度追求成就者很容易接受时间管理的理念。精力管理的策略可能会切断生活的甘泉，即与他人的关系。在这个过程中，效果会适得其反。就像自我关爱的其他方面一样，我们必须在追求成就的同时保持与他人的关系，而不是简单地事后找补。记住，不要总是沉浸在自己的世界中。你可以通过与他人的互动来自我关爱。

解决问题

共情就像肌肉，如果你不运用固有的能力去准确地理解他人和周围的情况，它就会消失。它可以通过练习来增强，也可以因为过度关注自己和自己的需求而萎缩。即使你可能需要在这一刻沉浸在自己的世界中，一个很好的练习是让自己沉浸在他人的体验中，或者沉浸在对周围正在发生什么的感知中。

首先，这就像是让在脑海中播放的故事暂停——这个故事，你已经跟自己讲述了一段时间，也许几年了。这也将是一种灵活性的练习，能够改变你所处的模式和速度。

记住，带着共情倾听和带着同情心倾听之间有着重要区别。共情是一种与生俱来的能力，它能激励我们做出同情和利他的行为。而同情心是一种情感，一种分享他人的恐惧、不幸和懊悔等的被动体验。共情侧重于他人的独特体验，而同情心则侧重于一般的、非特定的，不是为个人量身定制的体验。

同情和怜悯通常是试图安慰的即时反应，而共情则超越了“我同情你”，变成“我理解你”。同情式的倾听假定，通过立即认同，我们知道别人正在经历着些什么。而共情则没有这样的假设。究其本质来说，带着共情的倾听更为客观，从不假设“我完全明白你的感受”，总是站在更加深入的立场，试图去了解另一个人的心灵。

如果你能学会从这个角度去倾听，你就杜绝了产生共情障碍的最大可能性。共情“肌肉”需要时间和耐心来培养，获得高度共情能力的挑战难度并不亚于保持身体健康。

是时候做出改变了

以自我为中心是一种认知的扭曲，现在你知道了它从何而来。然而，这种扭曲可能已经存在一段时间了，因此可能已经固化在你的人格中，成为一种根深蒂固的模式。

像其他认知扭曲一样，这个问题需要假以时日才能改变。如果你又回到带着同情心倾听的状态，也不要气馁。在声称了解一个人的感受之前，要有意识地去了解他 / 她。

当你每天都对共情的“肌肉”进行锻炼时，你就会发现，带着共情去思考成了自然而然的事情。

日志问题

• 你会如何给自己的沟通风格分类？你是一个倾听者还是一个健谈者？解释一下。

• 你是否会把天平从一边拨到另一边，或者你是否会根据当下情境来调整自己的风格？

• 当你与朋友或同事见面，发现他/她希望与你互动性地交谈，你不能按照自己的需求主导谈话时，你是否会不耐烦？为什么会这样？

• 你是否倾向于多听少说？如果是这样的话，你是出于积极的原因，还是在通过看护者的角色来进行逃避？

• 你知道共情和同情心的区别吗？解释一下。

• 在倾听时，你是否能感受到共情，但不知道如何用语言表达？

• 你能理解共情在真爱和理想之爱中所扮演的角色吗？解释一下。

• 你明白共情在你的性生活中所扮演的角色吗？

• 当你想到和亲近的人进行共情性交流时，你会想到什么？

• 你认为你已经具有很强的共情能力了吗？解释一下。如果不是，描述一下有什么干扰因素。

• 你是否很难对跟自己并不相似的人产生共情？为何会这样？

• 你会对其他国家的受难者感同身受吗？还是只对你身边认识的那些人产生共情？

• 你可以对过去伤害过你的人产生共情吗？他们的行为有哪些地方是你

不能理解的？

• 你能否对那些似乎毫不怜悯他人的人产生共情，比如恐怖分子？或者说你还没有办法把自己共情的范围扩展到那么远？

进行实践

1. 尽可能抓住机会，与别人进行一场通常比较困难的对话，并表达出自己想要理解他们的独特经历。尽量不要为你的故事或生活方式辩护。只是倾听、提问和交流。确保你专注于理解，而不是解决问题！

2. 带着共情去倾听，减少在心里预先对回应进行排练的时间。留意一下，当你不忙于表达自己的观点时，你会想到什么。

第十四章

如何顺势而为——调光开关

在前一章中，我们讨论了无法运用共情去理解他人和准确地进入情境的问题。在共情方面存在障碍会让我们付出高昂的代价，并且无从得知如何或何时在感性和理性之间切换。你始终被卡在那里，因此在人生的许多方面仍然处于明显的劣势。

从无法管理自己的精力，到人际交往，如何降低焦虑以适应情境是许多成功者遇到的困境。学会何时调节情绪可以极大地帮助你提高与他人相处的能力。

降低焦虑

大多数锐意进取的成功者都缺乏一个内部机制，以让他们能够在觉得自己的紧张程度并不适合当前的情境时，来对其进行控制。无论是否处于紧张的环境中，他们总是有点紧张兮兮。他们经常担心自己的表现，以至于他们无法或者不知道该如何去控制自己的情绪。他们没有调光开关。

你有没有这种经历：你去朋友家里做客，在她家的餐厅里吃饭，而天花板上的吊灯却没有调光开关。这样一来，你整个晚上都会感觉有点不舒服，最后，你会希望房间里的灯光要是再柔和点就好了。

尤其是当太阳落山，餐桌旁的人们想要放松的时候，谁还需要这么强的光线呢？这就是没有调光开关的人内心大多数时候的感觉。即使在睡觉的时候，光线也不会调暗，而一旦醒来，他们也会立刻开灯。

事实上，许多没有调光开关的人睡眠质量并不好。而且一旦醒来，他们就再也无法入睡，因为他们已经重新进入工作状态，考虑明天要做什么事情。

为什么会这样呢？未解决的问题和未被满足的需求会让我们的内心无法平静。再者，如果未解决的情绪问题累积起来，我们就会开启自我保护，必须把情绪掩盖起来或至少压制下去，才能采取下一步行动。对于许多人来说，这种应对机制会持续制造紧张感，而这种紧张感伴随着无止境的成就步伐。

A 型人格

我们都听说过 A 型人格。据说，因为 A 型人格者喜欢追求成功，每天都生活在紧张的状态中，所以他们会在追求平衡和幸福感之间苦苦挣扎。这项已有60年历史的研究已被广泛推广，但也因其科学缺陷而遭到了广泛批评。A 型人格和 B 型人格理论描述了一种行为模式，这种行为模式曾被认为是罹患冠心病的危险因素。

A 型人格者非常渴望成功、缺乏耐心、具有强烈的时间观念、对自己的地位没有安全感，并且好胜心强。他们有时充满敌意，咄咄逼人，无法放松下来。他们也会表现出某些躯体症状，这是由于多年来 A 型行为的过度压力所造成的。

躯体症状包括：

- 面部紧张（双唇紧闭，下巴紧绷等）；

- 弹舌或磨牙；
- 黑眼圈；
- 面部出汗（前额或上唇部位）。

他们通常是取得了相当成就的工作狂，会同时处理多项任务，给自己设立完成工作的最后期限，稍有延迟都会感到不悦。由于这些特点，A 型人格者通常被描述为“压力瘾君子”（stress junkies）。相反，B 型人格者有耐心、放松、随和。对于不能被明确归类的人群，我们称其为 AB 混合型。

在1996年出版的《A 型行为：诊断与治疗》（*Type A Behavior: Its Diagnosis and Treatment*）一书中，迈耶·弗里德曼（Meyer Friedman）指出，A 型行为表现为三种主要症状。这些症状中有一个是隐蔽的，不太容易观察，而另外两个则比较明显。

A 型行为的特征：

1. 一种内在的不安全感或不胜任感、自尊水平不足或糟糕的自我意象，这些被认为是导致 A 型行为特征的根源，是隐藏的、看不见的（魔咒）；

2. 持续的时间紧迫感，并导致愤怒和绝望的情绪；

3. “自由漂浮”的敌意，即使是一桩很小的事件也可能引发这种敌意。

被你的故事定义

以上症状并不意味着某些潜在的问题在驱动你的行为。A 型行为是更深层次未解决问题所造成的最终结果。是你的故事强化了这种生活方式。这个标签描述了人格分类的症状，但并没有全面理解个体及其好强个性形成的原因。

在这本书的开头，我提到过高度追求成就者都喜欢勇往直前，因此通常都很好地掩盖了自己的过去。他们雄心勃勃，自我关爱的能力却很弱。这在他们的生活中由来已久，可以看作 A 型行为的表现。

当未来可期时，我们显然更加容易做到自我关爱。以运动员为例，在健康的心态下，他们有能力随时提高或降低情绪紧张度，以获得最佳的表现。但是如果他们开始害怕失败，看看会发生什么。他们经常会过度训练，就像追求成就者每天都会加班一样。既然人们会做更多的事情来避免曾经发生的负面结果，就很容易理解为什么他们会不断驱使自己走向未来。

我们用自己创造的故事来解释生活中的行为。如果你认为自己是 A 型人格者，那么你的生活方式和行为也很可能属于 A 型人格。给自己贴上这样的标签听起来像是一种魔咒，因为许多 A 型人格者都不堪重负、疲惫不堪、身材肥胖，还遭受着健康并发症的折磨。

贴标签容易一概而论

有趣的是，近年来研究人员提出几种人格类型与某些疾病有关。

完美型人格与类风湿性关节炎有关；顺应性人格对应偏头痛和胃病；焦虑型人格对应酒精滥用等。在精神病学家大卫·塞尔旺–施莱伯（David Servan–Schreiber）的精彩著作《每个人的战争》（*Anticancer*）中，他引用了许多心理学家和精神病学家的研究成果，这些研究已经证实了 C 型人格（癌症型人格）的存在。

施莱伯本人也是一名癌症幸存者，他认为 C 型人格者在童年时觉得自己不受欢迎，很少发脾气，经常被别人称为“圣人”，同时容易在生活中的某一方面过于投入。这些人被归为容易罹患癌症的人格类型。如此一概而论地给人格贴上标签的研究有利也有弊。我们当然不希望最近被诊断出患有癌症的人感到内疚，因为他们可能没有做过任何导致病症的事情。

另一方面，这些研究也给我们提供了一些线索，提醒我们可能需要做些什么来改善和保持健康。例如，施莱伯博士的著作就为预防癌症和保持健康状态提供了极为丰富的资源。

多年来，我一直密切关注着那些取得了很高成就的人，他们在各自的职业领域都出类拔萃，受人尊敬。与此同时，他们也过着一种平衡的、健康的生活，与周围人有着深厚的情感联结。他们本质上是超凡出众的，正如我们在前一章中详述的那样。说到这里，我想起了几年前的一项让我印象深刻的研究成果。

斯坦福大学医学院专门从事疾病预防研究的心理学家肯尼斯·佩尔蒂埃（Kenneth Pelletier）博士，对53位非常杰出的职业人士进行了一项为期5年的研究。他们在各自的职业领域中都是佼佼者。这群人里有公司总裁、诺贝尔物理学奖得主、作曲家、编辑、美国参议员、演员和好莱坞制片人等。

不仔细辨别的话，我们会很容易把这21名女性和32名男性看成A型人格者。然而，这项“健全的心灵—健康的身体”研究中的每个人，都在各自选择的领域取得了顶尖的成就，并且他们坚持自我保健，有着强烈的目标感或崇高的价值观。这引起了我的兴趣。

佩尔蒂埃博士受到了美国著名心理学家亚伯拉罕·马斯洛（Abraham Maslow）所做的开创性工作的启发，马斯洛想要研究自我实现者的“非凡之处，以理解平凡之人”。因此，佩尔蒂埃选择了既能保持平衡，又取得了很高成就的人作为研究对象。他们都重视日常生活的方方面面，它们为坚实、有自我韧性和杰出的成就奠定了基础。

佩尔蒂埃和马斯洛都对研究这些卓越的成功者很感兴趣，他们其实在很多方面都平淡无奇。在很多情况下，他们经历着和普通人同样的苦恼，也曾极度失望和悲痛欲绝。许多人都遭受过童年创伤，值得注意的是，他们都在成长过程中受到过父亲的极大影响，说自己的父亲性格坚毅，自己需要满足他提出的种种要求。

这些取得高度成就者生活中的另一个关键因素，就是愿意去疗愈过去的创伤，这使得他们能够过一种平衡的生活。他们用客观的笔触重写了自己的故事，放下对过去的愤恨，继续过好自己的生活。他们都超越了对金钱和竞争的关注，转而去发掘生活中更深层次的意义。他们的心灵成长在各自的生活中扮演着举足轻重的作用。

此外，他们利用童年时的困境来培养对他人的共情：共情范围是成年期健康状况的预测因子之一。归根结底，他们看似是A型人格者，实际上却是E型（即共情）人格者中的成功者。我们现在有了一个新的分类！

参与“健全的心灵—健康的身体”研究的个体已经证明，如果我们疗愈了过去的创伤，构建了一个新的自我故事，就可以获得成就、生活的意义、心灵的健康和亲密关系。希望下面一位来访者的故事能为你提供一个场景，帮助你思考如何在需要时能够降低焦虑。

成败取决于我

保罗（Paul）是一位企业家，目前他正面临着一个艰难的选择。他的公司需要大量的资金来进行一项非常有趣、可能会有利可图的投资。他在这家初创公司工作了2年，一直无法控制对公司能否成功的焦虑和担忧。

我的一个朋友把我推荐给他，因为之前他也曾在我这里因为类似的问题接受过治疗。保罗因为在晚上磨牙而损伤了牙齿，有时会感到痛苦不堪，以至于在凌晨一两点无法入睡时，他会去办公室。

当然，主要投资人都喜欢他对工作所投入的永不磨灭的激情。在他们继续投资之前还不断向保罗施压，要他保证投资能有回报。他做了一个有趣的类比，试图解释他和这些投资人一起工作的感受："医生，这就像全明星投球对阵全明星击球。你只是不知道谁会赢。"

保罗显然总是心事重重，而且一直处于"工作"状态。他的妻子形容他"总是心不在焉"，并且"不断地在思考下一个要面对和克服的问题"。

通过在咨询中改写他的故事，并在个人体验中对新的故事进行巩固，他逐渐培养了一种更加平衡的生活方式。他非常迫切地想要冷静下来，所以他告诉我：只要我发出指令，他就会完全听从我的指示。"我坚持不下去了。付出这么久，我不想失败。我不想让那些对我寄予厚望的人失望，也不想让那些投资人失望，我之前说服他们相信这个投资是值得的。我需要搞定这一切，但我没法再撑下去了。"

管理你的能量

首先，我建议保罗重新开始锻炼，锻炼的强度要适合自己。毕竟他不想让自己过于劳累。然而，锻炼的主要途径是将紧张的能量释放出来，从而有益于身体健康和整个生命状态。

保罗在高中时曾是一名足球运动员，所以他知道锻炼的好处。我告诉他锻炼可以有助于减少焦虑之后，第二天他就开始了锻炼。几个月来，他都坚持跑步，当然这确实起到了效果。跑步增加了他大脑中的多巴胺和去甲肾上腺素，提升了他的注意力，让他感到平静——即使只是在很短的时间内。

我还告诉他，他需要学习如何利用共情能力，让自己沉浸在他人的经历中，这也是他需要用心花时间去培养的一种技能。讽刺的是，他发现将这种技能用在他的投资人身上是最有效的。他不再只是想让他们放心，取悦他们，而是开始在更深层次上聆听他们的诉求。

他开始从不同的角度理解他们的担忧。在这个过程中，他发现，他们尽管身家丰厚，同样也忧虑重重。他们并不是对他感到失望，而是和他同样焦虑不安，有些人会欣赏他能理解这一点。

其他人则不太在意和保罗的关系，他们只是想要获取投资的回报。共情帮助他不再认为他们的反应是针对他个人的。他意识到，他们的行为有特定的目的，不再因为他们对他本人不感兴趣而感觉自己受到了侮辱。

后来，我建议保罗去度假，这是精力管理的一种重要方式。其实，我最近跟他开玩笑说，他的休假时间开始比我长了。他曾经认为我一年休3次假有点过分，但现在他明白了这样做的重要性。他还开始与青春期的女儿们进行不同的对话。他更加关注她们的话语，并且抽出时间参加她们的娱乐和活动，不再不时地查收电子邮件。

事实证明，他与妻子的关系更加难以改善。多年来，他的焦躁不安让她备受折磨。去年有一次，她告诉他不确定是否还爱着他，她说自己在他身边总是感到紧张。“只要你醒着，你就永不停歇，中间没有任何缓冲。你在身边，我永远也无法放松下来。在我放松的时候，我感觉自己像个懒人，而你却好像肩负着某种重大使命，在家里跑来跑去。”

她接着说，他们的朋友也持有同样的看法。虽然保罗有了进步，但恐怕他妻子已经看到餐厅的灯亮着太长时间了。我不知道保罗是否能挽救他的婚姻，我只知道他已经开始改变，找到了某种能让自己平静下来的方式。如果他继续朝着这个方向前进，这可能会成为他婚姻的疗愈因子。

保罗的生活发生了翻天覆地的变化。经过很长一段时间的中断后，他重新开始锻炼，结果为他带来了神经化学的改变，产生了他所急需的能让人舒缓下来的化学物质。他已经学会了从共情的角度去倾听。他从同事和朋友那里得到的反馈是，在他面前，他们感到比以前更加平静了——这显然是他妻子一直想要的状态。也许，当她体验到保罗这种刚刚获得的能力时，她会再次开始相信，他们的婚姻可能还会有更好的走向。假以时日，我们将会看到。

共情让人平静

为了让自己能够在困境下平静下来，你必须能够准确地感知，这就是共情的关键所在。保罗有失眠问题，他整夜辗转反侧，是因为他误解了自己的行为会产生的后果。他非常担心如果创业失败别人会怎么看他，但却很少向同事们表达这种担忧。这说明我们编造了一个虚构的故事，但却仍然按照这个故事版本去生活。由于在与他人的真实关系中缺少共情，我们的感知就与现实不相符。

有一次在印度，在结束了一次非常重要的会议之后，他以为合伙人会对他感到很失望。他甚至会认为他们正在考虑退出正在谈判的交易。

在经过一次治疗之后，我们减缓了他的焦虑，并探讨了可能的后果，他意识到可能是自己顾虑太多。他后来给合作方发了一封电子邮件，随后又打了个电话，询问他们对这次会议的反应，他了解到自己的担心大错特错。相关人员表示他们确实曾有顾虑，但后来他们的疑问得到了解答，他们决定继续合作下去。

我们需要团队的合作

保罗没有考虑到的一个因素是他夸大了自己行为的后果，这也是他无法降低焦虑的原因。他逐渐意识到自己为别人的决定承担了太多的责任。有一次我问他，如果他在经纪人的建议下购买了某家公司的股票，而那只股票赔钱了，他会给他的经纪人打电话，把损失归咎于他吗？他说他不会，但如果这种事发生很多次的话，他会感到很失望。

当然，他指的是超过了平均水平（他被错误指导的次数），不会因为一次购买股票失利就决定辞退经纪人。此外，他意识到所有的事情都存在运气的成分。如果你认为自己是决定一项投资或任何事情结果的唯一变量，那么你将很难降低自己的焦虑。

我有一位来访者曾经是一名职业运动员，每次来参与活动时都会抱怨自己的球队输了比赛，抱怨自己表现不佳。我不得不多次提醒他，他是团队的一员。他不是唯一的变量。他是另一个无法降低焦虑的人，因为他经常错误地判断自己应该承担多少责任。

他晚上唯一的放松方法就是喝苏格兰威士忌。最终因为酗酒，他来到我这里。他把参加体育比赛的态度转移到工作上，把公司团队看成原来的球队。在两种情况下，由于无法准确地感知，他都过于急躁。毕竟在这两个世界里，无论如何，他都是团队的核心。

精明能干、锐意进取的人，尤其是那些成就上瘾者，会相信自己有能力对完全不合理的结果负责。在他们成长的过程中，这种信念体系得到了强化，尤其是当他们的表现值得称赞、让人愉悦的时候（尤其是他们的努力给父母脆弱的自我带来快乐时），这种模式会让人上瘾。

如果你得到认可是因为卓越，而不是因为品格（你是谁），那么错误的信念体系就会扎根。因此，一旦团队失利或组织失败，我的来访者就会认为自己是一个失败者。压力在他的大脑里点了一盏无法熄灭的明灯，不幸的是，酗酒成了关闭这盏灯的唯一方法。

健康的高成就者有调光开关，因此他们的情绪就能与他们所处的环境相适应。他们能与周围的环境和谐相处，他们的共情能力使其能够准确地感知，性格也更具韧性。他们在葬礼上潸然泪下，在聚会上开怀大笑。在当下情境让人感伤时，他们会感到悲伤；如果犯了错误，他们会感到后悔。

然而，如果他们犯了错误，或者事情并没有按他们预想的方式发展的话，他们不会认为这是自己个人的问题。他们会放慢速度，知道如何放松自己，并且明白明天又会带来新的成功机会。他们本质上具有韧性的自我。

调光开关取决于你，而不是你的环境

关于这个话题，与一位来访者的一次谈话让我一直铭记于心。爱丽丝（Alice）是一位78岁的女性，她早年曾是一名教师，但后来放弃了自己的职业，全职照顾2个儿子。她的儿子们都已结婚生子，大部分时间生活也过得很平顺。爱丽丝50岁出头时，她的丈夫因严重的心脏病发作而离世，她在64岁时再婚。

她的现任丈夫今年70岁，身体健康、非常活跃。他大部分时间都会出去打高尔夫、滑雪或和朋友打打网球。他也很关心孙辈们，经常独自出门。爱丽丝再婚是因为她无法忍受独自生活，还有“我不想住在老龄公寓里”。

她经常试图获得丈夫的认可，因为他远不如她的第一任丈夫那么认同她。她试图重新布置客厅的窗帘，觉得有必要在房子周围种上更多鲜花，努力烹饪美味可口的饭菜。这些努力同她年幼时取悦父亲的行为非常相似。她是最年长的孩子，也是唯一的女孩，不如她的2个弟弟那样随心所欲。在那些日子里，因为她的母亲有一份全职工作，所以她这个女儿得把家收拾得干净整洁。

爱丽丝有一天对我说：“我们在讨论中谈到了调光开关，让我感到惊讶的是，我一直认为因为我在教书，或者因为我有年幼的孩子，所以我的口袋里总揣着一个‘待办事项’清单。但是直到今天，并且在过去的几年里，我仍然一直随身带着这份清单。我的睡眠质量一点也不好。我仍然是一个爱焦虑的人，我意识到我已经习惯了身处焦虑状态，总觉得还有事情没有办完，还有需要我操心的人或事。天啊，如果没有爱丽丝，这世界会是怎样？我即将走到生命的尽头，但我仍然像那个小女孩一样，拼命地想让爸爸说一句‘做得好，爱丽丝’。我真是太愚蠢了。”

这次互动让我再次认识到，我们的童年经历是多么强大，可以让我们加快动作，提高效率，绝不放慢速度。对一些人来说，他们相信这是能赢得爱的唯一方式。不幸的是，爱丽丝花了一生的时间才意识到这一点。不过她的母亲活到了98岁，我相信在接下来20年左右的时间里，爱丽丝可以过上她此前从未体验过的平静生活。

为什么我如此乐观？因为我能从她的眼睛里看到，这是她最想要的东西。在她这个年纪，她每周都会开一个小时的车来见我，并且可以清晰地回忆起前一星期我们所讨论的内容。

此外，最重要的是，她正在努力做出改变。有时候，她会把“待办事项”放在厨房的桌子上，出去散散步，然后回到院子里，强迫自己坐下来欣赏花园的景色，而不再总是专注于如何改善这个院子。

她已经开始了这个过程，我知道她决心阻断自己头脑中无休无止的需求。她知道自己的故事很可能是虚构的、与事实不符的。她正试图在对自己的崭新认知的基础上，建立起更为舒适的生活方式。

你知道是什么在驱使你吗？

如果你认为自己很难降低焦虑，那么你对以下问题的回答应该会对你有所启发和提示。你的回应可以给你提供有效管理自己精力所需的信息。

日志问题

- 一天中，你感觉平静的频率如何？
- 你是否很难放慢语速，认真去倾听别人？如果是这样的话，为什么？
- 你是否觉得很难安排比较松散的时间？
- 你是否难以入睡或者很容易惊醒？
- 你的头脑中或口袋里是否随时有一份“待办事项”清单？
- 你是否因为比别人取得更多成就而感到自豪？
- 你是否经常告诉别人，自己一天工作了多少小时或者完成了多少工作？
- 你是否经常觉得自己比别人完成的工作更多，而且别人利用了你？
- 你觉得自己容易紧张是个人的问题，还是别人的无能造成的？
- 如果你没有完成任务或没有取得多少成绩的话，你会感到不舒服吗？
- 你是否讨厌那些没有对你的职业道德产生深刻印象的人？
- 你能放慢节奏并且仍然觉得自己有价值吗？或者说你害怕失去自己的优势吗？
- 你是否会在晚上使用酒精或其他物质来舒缓你的紧张感？
- 你会在晚上吃东西帮助自己平静下来吗？
- 你会在晚上看电视或上网来缓解焦虑吗？
- 如果你对上述任何一个问题的回答是“是”的话，那么花一点时间解释一下你的回答。

进行实践

1. 在重要的谈话中，尽量放慢语速。关注你的呼吸，试着以更加深思熟虑的方式回应。注意共情性倾听是如何自动降低焦虑的。

2. 思考一下这种方法给你的个人生活和职业带来的好处，以及它将如何给你的未来带来积极影响。

第十五章

恐惧中的勇气——有韧性的自我

在面对不确定性时，一个具有韧性自我的人通常能做出最有效的应对。面对变化，他具有我们每个人都需要的灵活性，可以在快节奏的世界中自我关爱，并迅速成长。例如，在压倒性情绪没有占据主导地位的情况下，焦虑和恐惧就可以得到控制。尽管也有恐惧或者脆弱，健康的成功者可以满怀勇气地顺利解决冲突。

脆弱与勇气——似乎不可能的伴侣

在撰写本书时，《最后的演讲》（*The Last Lecture*）一书和同名视频的作者兰迪·波许（Randy Pausch）教授几天前刚刚去世了。作为胰腺癌晚期患者，兰迪以他对生命的巨大热忱和勇气影响了全世界成千上万的人。

兰迪倒也并非文采斐然，但这本书仍然在大多数畅销书排行榜上位列第一。我认为他的著作之所以能取得成功，是因为人们了解到他面对死亡时的坚韧让他的人生如此卓越。他的话语和文字与他的生活态度是一致的，文如其人。我建议你去读一下他的书，或者看看他的演讲视频。它会给你留下一段心灵的记忆，引领你走向充实的人生。

在这本书中，我描述了许多人，他们拥有波许教授所拥有的那种坚韧，但他们并不会撰写著作或者参加奥普拉（Oprah）的访谈节目。他们是超凡出众的人，在个人成长的过程中发展出具有韧性的自我。

这种韧性并非偶然得之。它是后天习得的，是生活中各种人际互动的结果。兰迪·波许在他的书中列举了许多有关支持、引导和爱的例子。他的行为是如此鼓舞人心，他将他人给予自己的善意都内化了。他的自信来自于别人对他的信任，最重要的是，他也能够将自己得到的回报他人。令人惊讶的是，直到他去世的那一刻，他仍然在激励着全世界成千上万的癌症患者。

我们热爱这类生活中的真实案例，尤其是在面对我们最害怕的敌人“死亡”之际，他们仍然能保持坚韧。《相约星期二》（*Tuesdays With Morrie*）中莫里·施瓦茨（Morrie Schwartz）教授和他早年的学生米奇·阿尔博姆（Mitch Albom）之间的对话，至今仍激励着许多读者。

在我们生命中最犹疑的时刻，我们都希望变得勇敢和坚强。我认为兰迪和莫里的品格有类似之处——脆弱和勇气在他们身上并存。

在遭受痛苦时还能够付出，在最缺乏安全感时还能保持坚强，这样的人具有无与伦比的人格魅力。原因何在？因为这样的人是非常真实的！

我们相信他们的体验是真实的，因为他们真情流露。他们并没有假装无所畏惧，他们不是超人。他们在现实情况允许下做到最好，他们只是肉体凡胎。面对自己必须应对的课题（在此指的是致命的疾病），他们尽力做到了最好，而你并不需要身患绝症才能体验到这种生命的韧性。

理性的乐观主义

如果从深层次看，兰迪·波许和莫里·施瓦茨之间有什么共同点呢？他们都有美满的婚姻，热爱生活，并且乐意将所学知识传授给他人。

他们都有直面恐惧的能力，也知道什么时候应该放手。他们都怀有切合实际的期望，有保持亲密关系的能力，也有一群朋友。他们几乎没有遗憾，因为终其一生他们都过得很充实。他们对学习和成长都怀有无尽的热情，热爱锻炼、爱惜自己的身体，致力于保持身心健康，对生活充满激情，欣赏生活的小确幸，渴望将他们所拥有的关于人生的知识尽数传授给尽可能多的人。

无怪乎他们都是教授：身家并不丰厚，但对年轻一代有着深厚的影响，同时他们的行事风格也比实际年龄更年轻。

我们爱上了他们，这两个我们素未谋面的人。抽出些许时间来反思一下这个事实：他们被世人所爱，但大多数人未曾得见真人。在他们去世以后很长一段时间，人们还会阅读他们的著作，未来许多像我这样的作家也会提及他们的书。这是为什么呢？

我想你是知道答案的。面对当下的命运，他们克服了可能无法提供任何滋养的内心故事，决意不被情感考验所控制，因此避免了认知的扭曲。他们对自由生活的各个方面都了如指掌。

实事求是地说，你是否会认为兰迪或莫里没有意识到生命中的种种陷阱，比如一个无法提供滋养的故事，或将他们的处境和环境与他人做比较？那么凡事崇尚完美，病态的确定感，以及理想之爱等呢？

他们似乎很清楚傲慢会带来什么后果。他们明白，无论你能力有多强，你都可能被诊断出患有致命的疾病。尽管他们在各自领域中很有建树，但是他们依然都很谦恭。

他们的作品和合作者的说法，表明他们是理性的乐观主义者。他们并不是顽固的悲观主义者或乐观主义者，而是现实主义者。我了解很多人的亲身经历，他们超越了自己的过去和生活环境，培养出一种令人惊叹的韧性。

用韧性克服魔咒

我有一位来访者玛丽（Mary），她的母亲在她9岁的时候自杀了。她的母亲来自一个新英格兰的望族，用她母亲家里人的话说，她是“下嫁了”。玛丽的母亲爱上了一个来自普通家庭的男孩。

玛丽的母亲上的是一所私立大学，这在当时是很少见的。她很漂亮，对自己的外表一丝不苟。她被新男友英俊的外表所吸引（此即理想之爱），但是随着岁月的流逝，她的迷恋之情也日益减少。生育孩子和被迫工作让她不堪重负。她的姐妹们都未曾工作，嫁入了令她羡慕的富裕家庭。

在玛丽的童年时代，她父母之间的紧张关系达到了顶点。她母亲经常责备丈夫是个失败者，无法为家庭提供好的物质条件，她父亲则逐渐退缩到一种压抑的、逃避的状态。在她母亲去世时，她的雇主是她所在的小镇上最成功的男人之一，她受雇担任他的私人秘书。

这些都是我的来访者玛丽慢慢收集到的关于她母亲的信息。一些来自个人的亲身经历，一些则是她的姨母们在晚年临去世之前透露的。

在她母亲去世几年后，她的父亲带着玛丽和她的妹妹搬到了明尼苏达州，而这个州，他既不了解，也没去过。他找到了一份新的工作，因为他觉得这可以让这个家重新开始一种新生活。他想住在一个没有人会问起玛丽母亲的地方，一个可以忘记过去的地方，但是结果却不甚理想。

在玛丽12岁时，他又娶了一个带着2个孩子的女人。在他们订婚以后，他的新婚妻子和她的家里人开始打听。最后，他将真相坦诚以告。

不幸的是，他一直未能摆脱妻子去世给他带来的痛苦：她服用过量的巴比妥酸盐自杀了。他后来开始酗酒，直到最后再也无法工作。他被送进了一家戒瘾医院，但此后很长一段时间都没有戒酒成功。

最后，玛丽的姨母把她带回了马萨诸塞州，将她和自己的2个儿子一起抚养成人。玛丽从13岁起一直和姨母住在一起，直到高中毕业。虽然她的姨母孀居，更疼爱自己亲生的孩子，但是她帮助玛丽培养了一种非常深刻的精神生活习惯，玛丽认为这是她在至暗时刻的慰藉。

在离开姨母家以后，她和在同一家保险公司工作的一个朋友住在了一起。玛丽遇到了她未来的丈夫，并在一年之内结了婚。他们很快就有了一个儿子和一个女儿，玛丽非常珍惜做母亲的感觉。

可悲的是，多年来事实证明她的丈夫显然是个酒鬼，玛丽不知道他有一段时间深受酗酒之苦。但最终，她痛苦地意识到问题的严重性。在2个孩子一个10岁一个12岁时，她丈夫和她的一个密友发生了关系，最后离开了她。玛丽夫妇离婚了，她前夫几年后和她的朋友结婚了。就在差不多同时，她的2个成年孩子都染上了酒瘾，这让她更加痛苦。她伤心欲绝，寻求治疗，但在8个月的咨询之后，她的治疗师搬到了加利福尼亚。

自由的开始

玛丽在当地一家医院做行政助理，住院处的一个朋友跟她推荐了我。一见到玛丽，我就看得出她戒备心十足。与此同时，我又能感觉到她是多么希望得到帮助。

玛丽问了几个有趣的问题："你会待在此地很长一段时间吗？或者说你准备搬家吗？你的工作对象中女性居多还是男性居多？你有妻子和孩子吗？你结婚多少年了？你每天工作几个小时？你会拨出固定的时间给我吗？你有治

疗成瘾患者的经验吗？你在生活中失去过什么吗？”

大多数人在最初的面谈中会问一到两个问题，在我询问的时候，很多人会说他们没什么可问的。玛丽很清楚自己想要寻找什么，她的人生已经经历了足够多的失望，她乐于接受的心理学家，身上必须要拥有她认为自己需要的品质和经验。

她问的问题都集中在她在生活中所受到的主要伤害上。她迫切地想知道，我是不是那个能在她所经历的这些重大事件中可以帮到她的人。尽管她很痛苦，但她异乎寻常地专注和坚定。在最初那段时间，我认为她的决心和勇气将是她的可取之处。

玛丽非常注重言行一致和可靠性。她带着很强的目标感开始了我们最初的单独治疗。她有很多话要讲，而且每周都带着议程来。我也能看出她是如何评估她是否可以信任我的。

她仔细观察我所有行为中的细微差别，对任何变化都非常敏感，包括我的行为举止、我们碰面的时间或任何未来变化的迹象等。她显然在小心提防着在生活中遭受更多的失望，并努力做好准备，防止自己像过去那样陷入深度抑郁中。

我们在夏天开始见面。我跟她说几个月后我要休假时，她的情绪明显很受影响。她把我的离开与她生命中所有的离丧联系在一起，并一度承认她害怕我会发生什么事。

还有一次，在我工作的医院，我调换了一下办公室，她过了好几个星期才能适应新环境。很显然，每当环境有所改变的时候，她都会感到缺乏安全感。她认为改变意味着情感的痛苦即将到来。考虑到她的现实情况，这当然是情有可原的。

团体的力量

玛丽最终有些惶恐不安地加入了我的一个讨论团体。她发现自己很难信任成员，坦然说出自己的个人想法，经常隐瞒自己对其他人的真实感受。

她选择了保持沉默，或者以一种不容他人置喙的方式谈论自己的过去。她会透露她的某个人生事件，比如她母亲的自杀，然后得出这个悲剧是如何影响到她的结论。她会暗示没有必要做任何进一步的探索，而其他人还没有来得及发表评论。

随着时间的推移，她开始意识到，她在用这种方式来保护自己不受那些反馈带来的所谓伤害。一旦有新成员加入时，那会是一段异常艰难的时期。她会再次假设又来了一个有能力伤害她的人，所以她会采取谨慎的立场。

几周、几个月的时间过去了。慢慢地，玛丽越来越喜欢团体的成员。她与几位正在戒酒的成员关系特别密切，此外还和一位曾经企图自杀、毕业于常春藤名校的高管互动频繁。她很惊讶，如此有成就的人竟然对自己的生活如此不满。最终她明白了，她对自己同样成功的母亲也怀有同样的好奇心。

不知不觉中，玛丽认为团体中的女性像她的母亲，一个她从未真正了解但却让她感到绝望的人。她认为团体中的男性都不可靠、不忠诚，总的来说不值得交往。

有意思的是，这个团体的成员都是取得了很高成就的人，起初玛丽认为她没有什么可以跟他们分享的。而他们开始发现她是诚实可靠的。他们喜欢她务实的生活态度，并喜欢得到来自她的反馈。与大多数人不同，她似乎能理解他们生活中的艰难和挫折。

一旦她开始信任别人，她就可以自由地发挥她强大的共情能力，她知道遭遇痛苦是什么感觉。她理解严重焦虑的体验，明白紧张可以怎样主宰一个人的生命。她开始意识到，作为这个群体中唯一的非大学毕业生，她有很多东西可以分享给这些聪明的、受过教育的人。她的自我开始以一种她几乎从未体验过的方式迅速成长。

在玛丽成长的过程中，她从未真正了解过自己的父母，也从来没有机会与他们亲近。她很好奇是什么让人们自暴自弃。

在如何帮助她的孩子们解决酗酒问题这一方面，玛丽从团体中康复的酗酒者那里得到了很多帮助，学到了很多东西。在参加团体活动的时间段里，她的儿子第一次和第二次酒后驾车。最终，在团体的专业指导下，她把他带进了嗜酒者互诫协会，在经历了几次曲折之后，他终于戒了酒。

她的儿子已经戒酒6年了，女儿也经历了同样的过程。由于最大的孩子已经戒酒，玛丽最小的孩子也如法炮制，她自己也加入了嗜酒者互诫协会。她现在仍然是该组织的活跃成员，并且帮助了这个项目中的几位女性。

通过在这个团队中的互动，玛丽开始越来越信任别人，现在的她变得更为放松，经常微笑，再也不像以前愁眉不展。她仍然一个人住，但儿子和女儿都结婚了，也都住在这个地区，所以她经常会照看孙子们和外孙们，为他们感到自豪。

她非常重视精神生活，并且经常参加教会活动。她会告诉你她对上帝的信仰让她坚持接受治疗，因为每天她都会向上帝祷告，祈请上帝保佑她过上一种更为平衡的生活。

随着玛丽的自信心日益增强，她对别人的恐惧感也减轻了。慢慢地，她对新成员更加欢迎了，不再那么害怕新的状况。她认识到，她遭受的苦难赋予了她深刻理解他人的能力，这是许多人所珍视的品质。

团体中的一位男性成员告诉玛丽，他在出生时不知怎的没有安装“共情能力芯片”。他认为，在和玛丽相处的过程中，她就仿佛做外科手术一般把它植入了自己的大脑。因此，这也就是第六个考验——群体所带来的积极影响。

告别痛苦的过去

随着玛丽提升了自尊，她也能更多地谈论过去了。她总是想知道为什么一个人要结束自己的生命，她渴望得以一窥她母亲的内心世界。她开始拜访更多的亲戚，问了很多关于她母亲的问题。

玛丽发现，在母亲的老板死于车祸一个星期后，她母亲也结束了自己的生命。她姨母推测玛丽的母亲爱上了自己的老板，甚至有人猜测玛丽的妹妹不是她父亲的亲生女儿。这个消息不管是真是假，都困扰着玛丽，她一度陷入了抑郁。

玛丽开始在晚上喝酒以减轻痛苦。这些信息让她觉得自己没有任何归属感。我记得她是这样说的：“我了解得越多，就越觉得陌生。我只是觉得自己不属于任何地方。这些人告诉我的家庭故事似乎并不真实，好像我从来就不曾和他们一起生活在同一个世界中。”

玛丽带着收集到的有关家庭的消息回到了团体，而她在这里得到的理解使她泪流满面。团体成员们说，他们也对自己的家庭成员知之甚少。一位女士评论说，她对玛丽的了解，比她对自己的2个姐妹还要多。

另一位男士说，他的父母从来没有交流过任何实质性的东西，只是说着已经重复过无数遍的陈词滥调，似乎从来都不想去深入地了解彼此。

玛丽并不孤单，大家与她共情，这一点最终治愈了她童年各种丧失所造成的创伤。在这段时间里，她不再饮酒，后来再也没有喝过。尽管现在吸烟的量减少了，但是她自始至终都没能戒掉吸烟，这个从14岁就开始的习惯仍然对她有影响。

我永远记得有一群人问她，如果能见到母亲最后一面，她会怎么做。“你会问她什么？你还想知道什么？”

玛丽回答说：“我只想拥抱她，也想让她抱抱我。我不想问什么问题了。这些事实似乎不再那么重要，只要能抱抱她对我来说就心满意足了。”

随着时间的推移，曾经困扰玛丽许久的好奇心大半已然得以消解。当然，她依旧时有想起，但再也不会感到不安。已经没有必要了解事实了。她对这个问题的回答表明，她只是想要从她从不曾熟悉的母亲那里得到温暖和爱。她强烈地感受到，再次拥抱她会是什么感觉。她选择重获温暖，不再苦苦挣扎。

玛丽喜欢引用嗜酒者互诫协会的格言：“放手吧，让上帝来接手。”我觉得这是因为她认识到，即便我们不知道别人为什么伤害我们，我们也可以继续前进。我们不可能总是知道所有这些问题的答案。她不是因为知晓了事实真相而得以治愈的，而是在爱、同情、共情和理解，在与人互动的关系中得到治愈的。

现在玛丽已经退休了，活跃在她的社区、她的教会、嗜酒者互诫协会中，也积极扮演着祖母和外祖母的角色。她还是一个读书小组的成员，喜欢园艺，过着充实的生活。她引导她的成年子女戒了酒，他们都成了好父母和好配偶。

她的儿子是新罕布什尔附近一家医院的戒毒咨询师，这一点也不让人意外。她的女儿在工作了几年之后，回到研究生院做了一名社会工作者。我认为他们都继承了玛丽的善良和乐于助人的精神。

一个并不完美但很可爱的结局

玛丽可能永远也不会出版一本书，也不会上奥普拉的访谈节目，但在我和许多认识她的人看来，她非常成功。她像莫里和兰迪一样，在面对巨大的不确定性和内心痛苦时，已经形成了具有韧性的自我。

有意思的是，玛丽是第一个推荐我读《相约星期二》的人。她还告诉我，听到兰迪·波许的死讯，她非常难过。她珍视他们的故事，因为它们与她自己的故事产生了共鸣。

玛丽没有过上她梦寐以求的完美生活。她一直暗自希望能遇到一个男人，然后再婚，但并未如愿，至少现在还没有。她一直难以坚持锻炼计划，但已经开始每周至少散步几次。吸烟的习惯仍然困扰着她，但她最终可能会戒掉。

不过，大家都说玛丽是成功者的典范！"（和玛丽）相约星期五"对我们团体的所有人来说都是一次相当难忘的经历。她的成长让我们都变得更有韧性了！

生活情境是随机的，但韧性是一种选择

写一本励志自助的书籍是相当困难的，因为作者必须面向广泛的受众，传递的信息要简洁，并发表独特的见解，而不是简单重复别人已经写过的东西。似乎诺曼·文森特·皮尔（Norman Vincent Peale）的《积极思考的力量》（*The Power of Positive Thinking*）每年都要被重写，只不过是增加几个新的标题罢了。

我热衷于阅读与幸福有关的内容，营养、灵性、锻炼，当然还有心理学等领域的期刊和文章等。我的来访者和同事经常跟我分享涉及这些领域的文

章、书籍和网站。我勇敢地尝试阅读（虽然并不总能成功），并在我的生活和工作中尽可能将其中的内容进行整合。

去年，我阅读了两本励志自助书籍，我强烈推荐它们，因为它们直接涉及韧性和整体健康的主题。它们的与众不同之处在于，它们建立在可靠的研究基础上，并描述了成功“治愈”魔咒的两个关键因素：（1）接受我们无法预测未来，以及环境变量将改变我们的生活（控制）这一事实；（2）认识到不管我们的基因组成和过去如何，我们都可以通过提高我们准确感知事物的能力（共情），来学会变得快乐和有韧性。

丹·吉尔伯特（Dan Gilbert）教授的《哈佛幸福课》（*Stumbling on Happiness*）这本书里记录了很多当代的研究成果，文笔流畅、幽默，通俗易懂。他提出了一个非常重要的观点：人类总是误以为自己能够有先见之明。

我们认为我们可以预测未来和人生的走向，但其实我们根本无力知晓自身将去往何方。回望过去5年或10年，难道在你生命中并未发生过几件你从未预料到的重要事件吗？

即使我们放弃了对控制的过度需求，我们最终也能“与幸福相遇”。人类有一种极端的控制欲。如果我们无法控制未来（如果未来并不能如我们所愿），我们会闷闷不乐，非常苦恼。锐意进取的成功者，尤其是那些成就上瘾者，很难相信自己的努力将无法推动未来朝着他们想要的方向发展。

正如你在我的几位来访者身上所看到的，他们不考虑生活中的情境变量，认为自己应对那些已然超出他们控制范围之外的事件负责。完美主义经常无视我们缺少控制外部环境的能力这一事实。

玛丽已经形成了具有韧性的自我，因为她能接受生活中的曲折坎坷。她母亲的自杀和孩子的酗酒都不是她的责任。老话说得好，“事情总会发生”。

玛丽和我所有的来访者，都成功地战胜了魔咒，都已经认识到试图控制未来是徒劳的。

我们可以尽力去照顾自己和身边的人，但必须放弃在不确定的未来中渴望确定性的想法，自由自在地做自己。韧性与接受生活中的各种情境变量密切相关。当然，当我们对自己有信心，相信自己能够应对发生在我们身上的任何事情时，我们就会加强自己的韧性。

斯特凡·克莱因（Stefan Klein）博士是德国柏林的一名科普作家，他由于在大脑研究方面的专业知识而在整个欧洲都很有名，因为他的大脑研究与幸福和心理韧性有关。他广受好评的著作《幸福的科学》（*The Science of Happiness*）详细阐述了神经科学和心理学的最新发现，解释了我们如何获得幸福和培养坚实的自我。

与我们的探索相关的一个重要发现是，**幸福取决于大脑的认知方式，而不是我们所遇到的环境**。究其本质，克莱因博士是在描述共情的能力，即对我们生活中的人和环境的准确解读。正如共情能力一样，幸福也是一种可以学习的心态。

有趣的是，克莱因将上瘾描述为“人类寻找幸福过程中发生的一场意外”。我们都在追求幸福，诸如成就上瘾等上瘾问题是我们在不顾一切地试图刺激多巴胺的路途中误入的小巷，多巴胺则是能使人产生幸福感的神经化学物质。在成就上瘾中，我们的欲望是失控的，因为一些人失去了，或者说从未有能力自然地建立一种幸福的生活方式。

多巴胺是通过成瘾性行为产生的，这不利于建立强大的自我。事实上，它使你越来越质疑自己能否有创造一种幸福而有意义的生活方式的信心。

克莱因强调，学习是一种让人快乐的自然体验，大脑依靠乐趣运转（多巴胺）。愉悦感是在发现的过程中产生的（希望你在阅读本书的探索过程中，此时此刻也有这样的体验）。

大多欧洲研究结果证实，对名誉、金钱和美貌的追求无法让人得到满足。然而，那些开发自己的潜能、拥有良好的人际关系、积极投身于社会事业的人拥有更高的幸福感。他们更有安全感，他们保护了大脑和神经系统的健康。

当你开始理解并试图消除导致认知扭曲的因素，了解了对成人生活的六个考验的观点之后，你可以确认成就上瘾在你的生活中所扮演的角色，并重新审视导致成就上瘾的虚构故事。你终于到达了一个关键的转折点，它为韧性的自我奠定了基础！

日志问题

• 你认为自己是一个具有韧性的人吗？

• 如果不是的话，那么在哪些关键领域存在弱点呢？

• 你认为自己已经理解了这六种考验的重要性了吗？

• 哪些考验让你韧性不足？

• 你如何以不同的方式处理这些考验以获得成功？

• 你能容忍自己的脆弱而不会为此感到自卑吗？

• 如果不能的话，导致你产生这种想法的根源为何？

• 你是否参加过任何非正式的或正式的、能对你的个性提供反馈的团体活动？

• 如果没有的话，你为何会回避听取来自群体的意见？

• 你上一次遇到冲突是什么时候？你是如何应对的？

• 你认为你需要在哪些方面做出改变，才能让自己变得更放松？

• 最后，你认为建立韧性的重要因素是什么？你有什么独特的观点？

进行实践

1. 在与你信任的人进行的谈话中，试着向对方透露你最近经历的一种恐惧，并讨论建设性地处理这种恐惧的方法。询问他 / 她的意见，进行一场有来有往的对话。问问你的朋友，他 / 她以前是否在你身上观察到过这种恐惧的反应。问问他 / 她，在你所描述的情况下该如何做出具有韧性的反应。

2. 从你收到的反馈中，确定你在发展韧性的过程中缺失的是什么。记录下哪些认知方式会降低韧性，并向他人寻求帮助，培养更加积极的认知方式。

第十六章

开放的心灵和思想——灵性学习者

在你假设这一章的主题与宗教相关之前，请耐心阅读下面的故事。

有一天，参加团体讨论的一位来访者安东尼奥（Antonio）告诉我们，他和他的大儿子托尼（Tony）进行了一次非常有趣的互动，这位来访者对魔咒知之甚多。

他是一位英俊又能言善辩的公司高管，他在高中和大学时曾是一名足球明星。他婚姻幸福，也是一位细心教养儿女的父亲。他的履历一直都很出色，但是安东尼奥的内心深处却饱受“魔咒”困扰。尽管他取得了成就，但有一些隐隐约约的原因让他觉得自己“不如”别人。慢慢地，他改写了自己的故事，并对自己有了崭新的、更为积极的看法，这种评价是基于自己的品格，而不是仅仅基于自己的行为表现。

他的儿子今年12岁，反复地问他为什么在每个周五早上都会去参加团体讨论：“那个家伙对你做了什么，让你总是去找他？”

安东尼奥一直对参加团体讨论有点不好意思，因为儿子最近一直在说他，觉得他不能靠自己解决问题。尽管他试图解释，但他还是无法让儿子明白，参加团体讨论并不是件尴尬的事情。

有一天，他的儿子仍然坚持不懈地问他这个问题，他觉得左右为难。他只是很自然地回答说："他是我的心灵导师。"儿子一时很满意，也就不再接着追问了。

安东尼奥惊讶于儿子竟然能接受这种描述。他的妻子当时正站在厨房里，听到了这个聊天，微笑着说："这次你可总算过关了。"他们一起笑了起来。

具有讽刺意味的是，安东尼奥在团体中讲述这个故事的时候，他承认："虽然当时看起来是打趣，但现在回想起来，我说的是真话。在我离开团体时，我几乎总能感觉到精神振奋。这并不是什么宗教信仰，但我确实感到一些美好的东西从我的内心深处油然生出。我们经常谈论灵性学习，我认为它意味着以你从未有过的方式打开自己。医生，你是这个过程的向导，所以我想，在我内心的某个地方，我认定你就是我的心灵导师。"

他问我对"心灵导师"这个词怎么看，我也很自然地答道："我觉得，如果一个人能使另一个人精神振奋，引领对方学习新的知识，带来新的成长，使其满怀热情、充满能量，就称得起'心灵导师'。"

在听到这个故事后，也有鉴于我在整本书中都提到了"灵性学习"这个术语，所以我决定增加一章，因为我认为有必要对其含义做进一步的阐释。通过接触许多与"魔咒"作斗争的人的经验，我也知道，他们所做工作的最终结果往往用成为灵性学习者来代表。这清楚地表明，扭曲的认知已经被抛弃，取而代之的是新的、更准确的认知模式。

什么是灵性学习者？

灵性学习者是这样一种人，他们意识到在我们自身之外存在着影响和左右着生活的事件，而它们是无形的、无法完全解释的。对许多人来说，这是上帝的作品；对其他人来说，这是“宇宙”的产物；而对另一些人来说，这只是一种无从定义的精神体验。

灵性学习者相信兼听则明。在宗教方面，他们认识到并认可所有主要宗教都是各有价值和贡献的。他们思想开放，希冀在生命的过程中能够持续不断地获取有关人性的智慧。他们希望在学习新知识的同时，可以对自己的理论和观点进行修正。他们不一定会固守一种思维方式、一种心理模式或一种宗教取向。因为我们不断地面临着需要我们适应和改变的新情况，这对于平衡、健康和成功的生活是很重要的。

成为灵性学习者的观点对生活的大多数方面都适用。我们应该对会导致不健康结果的固化认知和行为方式予以重新评估。对于已经根深蒂固的行为模式，我们需要的可能不是重新思考，而是进行调整或者完全摒弃。

以我们家族为例，所有的男性都有很大的烟瘾。对于经历过二战的一代人来说，这似乎是天经地义的事情，而且似乎非常健康。当时许多医生和科学家受到了烟草行业的贿赂，并不认为吸烟有害健康。

小时候，我曾恳求过父亲戒烟，但毫无效果。我每天早上都能听到他咳嗽。抽烟对他来说似乎有百害而无一利，可惜当时并没有数据可以支持这个观点。最后，这个在二战中曾给予他慰藉的习惯，使得他的生命在66岁时就宣告终结。

我父亲的思想才刚刚开始转变。当然，在大多数情况下，严重的烟瘾改变了他的初衷。在他去世的那天，他从每天4包切斯特菲尔德香烟减到了4支。他开始学着用灵性学习者的视角来看待自己的上瘾行为，却已是时日无多。他开始意识到，自己认为吸烟无害的看法可能是错误的，他开始考虑不同的观点。他意识到这一行为是在掠夺他的能量（因为他的脏器在衰竭，生命力在减弱，所以他经常生病，呼吸急促），他正在勇敢地尝试去改变他的信仰和行为。

学习让我们互相联结

我认为对美国人来说，藏传佛教的部分魅力在于某些上师不断学习并整合新发现的努力。上师们曾多次指出，佛教是一种古老的宗教，有很多古籍经文。然而他们也指出，这些经文的教义需要在新知识的基础上做出调整。他们对科学知识秉持开放的态度，特别是大脑的神经可塑性（思考和体验可以改变大脑结构）。

这种生活态度让我们的人生更加富有趣味，精力更加充沛，让我们得以成为广阔世界的一部分。我们与各式各样的人和体验建立了更多的联结，灵性学习者致力于去发现和体验能以健康的方式唤醒人类心灵的事物。

作为灵性学习者，我们天然就被赋予了一些借以改写我们故事的工具。要记住，“从所有可靠的来源中汲取经验”本是灵性学习定义的一部分，这来源也包括我们自己。这意味着我们现在有机会更准确地衡量我们自己、我们的信仰、我们的职业道路，最重要的是还包括我们的文化、我们的国家和我们身处的这个世界。

如果我们对世界各地的人民漠不关心，我们就无法摆脱“魔咒”。个人解放需要我们意识到这样一个事实：某些社会、文化和组织创造了奴役他人的体系。如果我们以自我为中心，只关心那些和我们最亲近的人，我们就会创造一个狭隘而单调的世界，这就限制了我们个人和精神的成长。从本质上说，他人的福祉就是我们自身的福祉。

对灵性学习者来说，万物都为一体。我们的故事现在可以被改写，是因为我们相信其他人的观点，而且我们相信世界各地的人都为这个世界贡献了自己的重要见解和生命智慧。

真实的人生

灵性学习者不断地改写没有助益的内心故事。他们心怀对他人的希望和信任，并逐渐意识到自我学习和了解世界是无止境的。如果你秉持这种理念，那将是令人振奋的，你不再将学习视为畏途，而是将其视为一种不断增强自我的方式。

你不再拘束自己，向你周围的人敞开自己，最重要的是，你向整个世界打开了自己。你可以为让这个社会变得更美好而做出自己的贡献，因为你现在能够自由自在真正参与其中。你无须再掩饰自己，也无须再构建一个虚假的内心故事来自我保护。

认识到过往的故事大部分是虚构的，会让你感觉无比美妙。重写我们的故事绝不仅仅只是重新构建我们对自己的内在看法这么简单，它还涉及重新纠正我们认知中那些不准确的部分。比如，美国的婴儿潮一代在成长过程中被教育德国人和日本人是邪恶和卑劣的，而他们同样也认为我们是邪恶的，三个国家的宣传都是错误的。

今天的许多年轻人，他们在成长过程中接受的理念是：穆斯林是暴力、卑鄙、邪恶的。一些美国人把穆斯林从车里拽出来，殴打他们。多么可怕的悲剧啊！提倡暴力，坚持对我们自己和他人都毫无助益的内心故事，掐灭可以进行共情性理解和建立重要联结的机会，这一切都大错特错。请记住，任何对我们自己或者他人真相的扭曲，都可能导致自我和社会的毁灭。

灵性学习者致力于探寻有关他们自身、他们的家庭、朋友和普罗众生的真相。我们致力于审视自己头脑和心中的每一种偏见，让自己与真相和谐相处。

如果我们出于恐惧或其他的防御而站在真相的对立面，我们就更容易生活在“魔咒”的阴影下。这是为什么呢？因为我们在如何自洽、如何与世界安然相处方面总会误入歧途，我们总是躲在关于自己和他人神话般的信念后面。

怀疑的自由

灵性学习者不一定要有宗教信仰。然而，许多对精神世界感兴趣的人早已对各大宗教进行了探究，以确定它们的价值。

在开始写成年期的六个情感考验之前，我重读了休斯顿·史密斯（Huston Smith）的经典著作《人的宗教》（*The World's Religions*）。在阅读这本精彩著作时，我一次又一次地发现，那些拒绝超越童年信念的人错失了多少宝贵的东西。

在我职业生涯的早期，我曾在当地一家社区医院担任牧师服务顾问。对于聆听医院拉比、牧师和教士之间展开的讨论，我非常痴迷。

在一个周五的下午，我正和多米尼加传教士迪克·弗莱克（Rev. Dick Fleck）一起喝咖啡，他是一位正在康复中的嗜酒者，多年来也曾一直致力于帮助酗酒者。时年75岁的他住在一家养老院，周日晚上仍会在自己的住处举行嗜酒者互诫会。在这个特殊的星期五，我有些迟疑，但最终我鼓起勇气说，我对来世和对上帝的看法并不总是很确定。迪克回答我：“彼此彼此，孩子，我们有时都会有这种感觉。”

我不敢相信他竟然也会有疑虑，他看出了我的惊讶。“如果没有质疑的话，你就只是盲目跟从；真正的信仰来自深深的怀疑。”他的评论让我一下子释然了，由此我能以一种前所未有的开放心态去探寻灵性和宗教知识。

“我的上帝，我的上帝哪，你为何离弃我？”据说这是耶稣临终前说的最后一句话。灵性学习者有时会暂时丧失信心，会怀疑自己所相信的一切是否已经远离。

但最终，在面对不确定性和变动时，一旦我们能够保持对自己的信心和恰当的行为，我们就获得了自由。我们都有动摇和怀疑的时候，但最终通过坚持，我们重新整合了自己的观点，向着近在咫尺的新希望继续前行。这是灵性学习者的生命历程。

相信灵性的无神论者

我的一些来访者是无神论者，他们总是认定灵性与宗教有关，因此立刻就对它失去了兴趣。我最近向一位不太可能接受宗教的来访者介绍了灵性的定义。他常说的一个观点就是：“宗教是大脑右半球对左半球的洗脑。”一天晚上，他要求我给“灵性”下个定义，因为他对最近的总统初选不断使用这个词感到恼火。

我回答说：“灵性最简单的意思就是对人类精神的信仰，这是我们无形的一面，无法完全解释清楚，但它又的确促进了我们成长。”

当我对灵性学习者进行定义时，他说我是在描述他。有灵性的人会寻求更多的知识和智慧，不带任何偏见，也不会先入为主。坐在我面前时，他跟我的观点其实是一致的，但我们还没有对灵性这个词的含义进行探讨，他就立刻对这个词产生了反感。他以为灵性与附带宗教教条的某一特定宗教有某种联系。

神学家凯伦·阿姆斯特朗（Karen Armstrong）是爱尔兰的前天主教修女，曾撰写过有关犹太教、基督教、伊斯兰教和佛教的书籍。她因发起名为“仁爱宪章”（Charter of Compassion）的跨信仰倡议而获得了著名的TED（技术Technology、娱乐Entertainment和设计Design的英语缩写）奖，该倡议将世界各地的穆斯林、犹太教和基督教领袖团结起来，促进全球的互相理解。

有趣的是，她指出同情心和共情一直是所有主流宗教传统的核心。最重要的是，在谈到有关灵性学习者的理解时，她认为伟大的教导与宗教和虔诚没有什么太大关联。我们需要更多地关注如何通过“仁慈之心”（human-heartedness）来促进改变，而不是那些教条和政治正确。

我无法振作起来

精神萎靡通常伴随着抑郁、情绪低落和焦虑，这些都与低能量状态相对应。当我们失去了精神和活力时，我们往往会思虑过多。

东方哲学鼓励人们不要过多依赖头脑，更多关注自己的感官，认为思考可能会妨碍真正的理解。这或许言之有理，因为我们可以通过想象自己置身于另外一种心理状态来忽略我们的情绪。

例如，悲伤可以是一种具有引导性的情绪。如果我们允许自己悲伤，这种情绪就会让我们的思维速度放慢，让我们沉浸在反思中。如果我们不想让自己悲伤，我们会通过悲伤让人软弱这样的想法来说服自己。因此，我们绕过了身体试图传达给我们的重要信息。

当我们具有韧性时，就可以坦然面对自己的思想、情绪和能量水平。然后，我们就可以决定需要给予生活中的哪些方面更多关注。当然这是双向的，就是说我们既可以因为一个情绪线索陷入负面循环，也可以利用它进行建设性的思考。

悲伤、懊悔、愧疚等都可以引导你去回顾过去的某一方面。然而，当我们利用情绪线索开始强迫性的消极思维过程时，我们应该让自己抽离，而不是任由我们的思绪带来低落的情绪。情绪线索只是起到辅助的作用，而不应该让我们不断地陷入绝望。当人们没有信心以建设性的方式运用情绪的能力时，他们只能依靠思维来引导自己，而这种模式可能有着很大的局限性。

摆脱挑战

如果我们无法接受新的体验，无法以新的方式看待我们自己和我们生活中的事物，就不可能从所有成年人都必须面对的挑战中解脱出来。要成功地应对这些挑战，我们就得摆脱对如何保持平衡、健康的生活所秉持的固有观念。

单单靠自己，我们很难保持平衡，必须通过我们与他人相处时所获得的洞察力才能实现。人类的心灵渴望联结，而共情为我们提供了与他人建立亲密关系的力量。

为了成功应对挑战，我们必须改变在这一部分中讨论的不良思维模式。清除共情的障碍之后，我们就有了充分的机会去学习他人的智慧，当我们放下让自己力求完美的需要，我们就更有可能找到真爱。

在此基础上，我们就更容易保持整体健康，更好地了解自己和他人。我们与身边的人总是会有分歧。但如果我们带着共情表达自己的不同意见，我们就不会孤立自己，仍然保持着联结。我们在提升人际交往能力的过程中建立了自信。我们打开了通往他人心灵的大门，在这个过程中，我们增进了相互理解，更有可能达成健康的妥协。

专注和投入

灵性学习者会更专注，他们可以在一段时间内都保持精力集中。因此，他们更容易与人建立联系，并从中得以增长智慧。

因为灵性学习者相信自己可以从各种不同信仰的人身上学习，所以他们会在与他人的关系中更加投入。他们不会立即排斥他人的意见，会在对话中寻找真理。而正因为他们愿意寻找并且相信真理的存在，他们往往会找到智慧的珍珠。

关系的投入、专注和准确的感知都能帮助我们充分地利用自己的大脑和心灵。当我们完全活在当下时，时间就静止了。

放下忧虑，取得成就

灵性学习者的生活是处在关系中的，对他人力量的信任可以增加彼此的知识，活跃彼此的心灵。当然，想要让这个过程发生，你必须使自己处于一种舒适的、柔软的状态，不再装作无所不知，而是去聆听、学习和爱。

想要向他人学习到更多，就必须尽力去提高共情能力，这样你才能达到贵格会[1]教徒道格拉斯·斯蒂尔斯（Douglas Steers）说的“神圣的倾听——怀着发现之心，用生命去聆听他人的灵魂”。这种专注、带着共情的倾听诞生了人类所能体验到的最深刻的沟通。对双方来说，这都是一份真正的心灵礼物。

抱着这样的观点，人生就会变成坦途。我们的期待是合情合理的，我们把每一天都看作一个丰富自己的机会。我并不是说一切都会非常完美，我们的日子都有好有坏。我在谈论这样一个事实：如果你为了正当的理由而热爱学习，生活就会不再那么难熬。你不再因为衰老、金钱和未来而过于忧虑，因为你大部分时间都在忙于享受生活。

灵性学习者会将阻碍自己成功的障碍视为学习和成长的机会。我认为这种类型的人比大多数人更容易掌握技能，因为他们可以更加自在地投入到学习过程中。在特定的情况下，他们通常会对特定条件下的现实学习曲线有非常准确的感觉。

灵性学习者当然不会有病态的确定感。他们可以接受自己仍然需要不断学习，因此可以调节自己的情绪。这让他们在学习过程中相对平静，而不会担心自己的表现和别人对他们的看法。他们并不追求完美主义和自身的形象，而是享受学到的新知识，以及在学习过程中的经历。学习使他们快乐，并在这个过程中增强了他们的身体素质。

注重灵性的人往往在生活中更懂得感恩。他们更容易欣赏那些很多人认为“平淡无奇”的事情。带着佛教的禅思，他们放慢脚步，去闻、去看和去触摸那些被不经意错过的事物。他们陶醉于自己现在的生活，而不是暂时满足于假想如果自己更加成功，就能过上更好的生活。

---

1 译者注：贵格会，又称教友派或者公谊会，是基督教新教的一个派别。

最近，一个朋友问我为什么又在写另一本书，我的回答是：“因为我读了上一本书。”她立刻认为我是在批评自己，但其实我并没有。我只是想表达我的上一本书写于2004年，过了5年后，我又有些新的智慧和学习经验需要分享。在我人生的这个时间点，只要我沉浸在学习过程中，增加知识积累，整合新的想法，我就无法想象自己就此封笔，让上一本书成为我的“封山之作”。

总体而言，了解自己和人性只能是帮你更顺利地应对各种棘手情形。随着我们与人相处的能力得以改善，减少了非理性思维，提升了理解他人的能力，我们就越来越能做出清晰明了而满怀悲悯的回应。

这种成长是否有可能会成为你生命中持续成长的一部分，这与你从各种来源学习的能力直接相关。我们需要不断调整以适应这个不停变化的世界。

做一位主动的学习者，意味着不断做出调整。而成为一位灵性学习者，则意味着在对我们自身、我们的环境和真正能滋养我们的事物进行探究的基础之上，不断地进行调整。

日志问题

- “灵性”这个词对你来说意味着什么？
- 你是否纠结于宗教观念？如果是这样的话，原因为何？
- 你认为心灵发展必须与某个特定的宗教有关吗？如果是的话，为什么？
- 在你的生活中，是什么不断让你精神振奋？请做出解释。
- 在你的生活中，是什么一直让你萎靡不振？解释一下。
- 你是否保持着幼稚的宗教观，还是你允许自己表达并克服自己的怀疑？
- 你对宗教的质疑是什么？
- 这些问题是否干扰了你正在进行的心灵成长？如果是这样的话，那么为什么呢？
- 你觉得成为灵性学习者的哪些方面是你难以坚持的？
- 你希望自己能在哪些方面坚持下去？
- 灵性学习者的开放度有没有让你感到震惊？
- 如果有的话，为什么呢？
- 你计划怎样克服你的困难？
- 你认为自己是一位灵性学习者吗？
- 你觉得哪些方面是容易实现的？

进行实践

1. 向你身边两个以上的人描述“灵性学习者”的概念。向他们询问，你需要在行为或思维方式方面做出哪些改进才更符合此定义。在你当前的生活中尝试实现这些改变。

2. 审视一下伴随你成长的有影响力的宗教信念。问问不同宗教背景的人，这些信念是否合理，试着接纳他/她的观点。

第十七章

最后的思考

正如我在本书中所指出的，过上精力充沛而又令人满意的生活，摆脱过去的羁绊，这需要一个过程。

“隐形挑战”的整个前提是一个毫无助益的故事，主要是由于在与他人的真实关系中缺乏共情，以及随之产生的自我怀疑和不安全感。这通常会被不健康的行为或者上瘾行为所掩盖，包括成就上瘾。

在这本书中，我强调了“成就上瘾”的现象，即误以为功成名就可以带来爱和尊重。因为仅仅依靠成就是无法获得爱和尊重的，这种冲动会让我们经受更为严酷的情感考验，认知更加扭曲，使得我们的人生困难重重，幸福难觅。

通往自由的钥匙

我们永远无法彻底摆脱生活中的考验。然而，我们可以建立必要的应对机制，自信而坚定地应对各种挑战。最重要的是，我们要能够找到每天所讲述的生命故事，它推动着你的生命体验。

改写你的故事可以改变你过时的信念、观点和对过去理解的偏差。改写你的故事可以让你清除那些对你无益的内容。你的能力、成就和过度努力的倾向很可能成为掩盖脆弱自我的一种方式。

你早期的故事深刻影响了你对自己的看法和你所选择的生活方式。希望你现在能意识到，你的故事中至少有一部分是基于虚构的。为了重新书写对自己生命早期的看法，你必须更清晰地意识到自己到底是谁，而如果你能从那些能给予你合理客观的反馈意见的人那里获得这种认知，那会是最理想的情况。

找到这个真相将真正解放你的灵魂。如果你出于正当的原因去做事和追求成就，你就会发现自身的潜力。但如果你因为错误的理由而追求成就（徒劳地试图改变对自身的内心看法），你就会深受“魔咒”的困扰，并继续深陷这一泥淖之中无法自拔。

感动你的故事是与你自己有关的

在你回顾前面的内容时，其中有些故事可能会给你带来更多的内心触动。

是安东尼努力追求卓越的故事吗？还是莎拉执着于亚马逊排名，因为她无法设定现实的目标，让她的状态每况愈下？是那些有关遗憾、控制和恐惧的故事，还是失去孩子、瘫痪、失去又重新获得爱的辛酸故事？还是那两位濒临死亡、却以截然不同的方式离开人世的勇者的故事？

哪些事情让你感受到强烈的情绪，那就是你需要进行大量工作的地方。情绪的出现通常就意味着你的过去正在被唤起。

需要强调的是，我不主张对过去纠缠不清，但我相信你的情绪会告诉你在哪个地方，你的过去正干扰着你的当下。那就是你需要花费精力去改善的地方。

写日志对持续成长来说非常重要。已经阅读完整本书之后，你可以重温一遍自己在每一章末尾对问题的回答。我由衷地认为，对这个过程的参与可以改变你的生活质量。因为它基于许多打破了“魔咒”的人的亲身体验，所以一定会起到效果。

正如我说过的，我亲眼目睹了那些囿于“魔咒”的成功者生活中发生的惊人变化。我相信，如果你肯花时间去努力，你就能成为平衡的、健康的、且日益壮大的高成就群体中的一员。

进步的迹象

在临床工作中，经常会有人问我，怎样才能判断自己正通过建设性的新行为改进了内心的自我观念。在这里我举一个简单的例子，即某位来访者的特殊经历，就能说明一个崭新的内心故事是如何诞生的。

还记得第四章中的露丝吗？她的兄弟们和父亲都叫她“胖妞”。你可能还记得，她在绝望中做了整容手术，结果出现了问题。胸部植入体感染了，导致乳房下垂，这让她更加厌恶自己的身体。

然而，在上周的团体讨论中，这位羞怯拘谨的女性告诉我们，她做出的一个改变给她带来了难以置信的快乐。她和丈夫之间很少有性生活，她对此一直感到沮丧，因为她对自己身体形象的焦虑一直在困扰着她。

她很生自己的气，洗了个澡，把湿漉漉的头发梳到脑后，在腰上裹了条毛巾。她走出浴室，径直走进雷（Ray）的房间，他正在看电视。露丝对他说：“我爱你，我想你，我现在想和你做爱。还有一件事，如果你表现不好，我就杀了你。”

当然，我们都笑了起来，因为露丝接着告诉我们，这次的体验特别棒，是“我一生中最好的一次”。毫无疑问，露丝正在重写她的故事。在那些时刻，她抛弃了自己之前一直固守的故事——如果你不够美丽，无法好好帮助别人的话，他们就不会爱你。

她鼓起勇气袒露自己的不完美，看看她以前的故事是否属实。事情并非如此！她本来就很有吸引力。我们大家惊叹于她能够再次抓住机会找出真相，而不是拘泥过去的认知，这些认知已经摧毁了她成长和与他人建立联结的能力。

在团体中，她学会了如何通过真诚、直接和圆融的对话建立起真正的亲密关系和友谊。在家里，她把学习到的东西推广到了身体的范畴。有意思的是，我们刚刚连续用了2个小节的时间来讨论接吻的亲密感。

团体中有几位锐意进取的成功者承认，尽管他们都渴望更加亲密的关系，但是很少会专门去“真正亲吻”自己的爱人或配偶（激吻会释放一种神经化学催产素，它会让人产生信任和依恋的感觉）。这些关于身体亲密感的口头讨论结束之后，一些成员回到家中，尝试与配偶建立新层次的性关系，这种联结建立在真正地爱对方本来的样子的基础上。

在所有的亲密关系中，我们都希冀触及对方的灵魂，无论是性关系还是其他，概莫能外。通过共情，我们从肤浅的联结转向深刻的、发自内心的关系，接受对方的全部，包括他/她的不完美和所有的一切。有趣的是，当我们能够向他人表达这种不加批判的感情时，我们就学会了接受自己在这个过程中所有的局限和缺点。在回馈他人的同时，我们也在回馈自己。这是摆脱“魔咒”的途径。

不断学习

我希望这本书是一个有意义的开始，它能让你走上改写故事和实现梦想的道路。对你来说有效的才是最重要的。你需要按照可行的、适合自己的速度前行，而不是像“快速康复计划”那样。

正是通过与他人的关系，我们培养了更有共情能力的互动技能，并建立了更有韧性的自我。永远记住，你可以从任何人那里学习——飞机上的邻座、新邻居、新朋友或新同事。**真实的联结孕育着真正的变化和成长**。

因为收到了开诚布公的真实反馈，我的许多来访者都能够发现他们故事中驱使着他们追求成就的部分，克服成就上瘾，战胜人生中的情感考验，并且改变错误的认知。因此，我写作这本书最深层的动机之一，就是将我那些勇敢的来访者们的故事讲述出来。

我想伸出手来激励更多的成功者，他们渴望在生活中获得更大的平衡，敢于冒险，乐于向他人敞开心扉。用你所学到的理念进行尝试，你就很有可能会变得更加“富有”和满足。

什么样的支持适合你？

正如我们讨论过的，共情是理解和回应他人独特体验的能力。如果不了解你和你的具体需求，我显然无法确定什么对你来说是最好的行动方案，但这本书的目的是帮助你确定你的任务在哪里，并帮你制订计划来开始成长。如果你想获得个性化的帮助，你可以关注我所做的工作，并在 http://www.balanceyoursuccess.com 上获得我的私人指导。

我邀请您访问 http://www.thecurseofthecapable.com，通过我们的博客寻求

支持。我相信你会从分享者源源不断的洞察力和经验中受益，而他们正在改变着自己的内心故事，从而得以最大可能地去体验生命中的情感、身体和精神健康。

关于如何摆脱“魔咒”的桎梏，你将会有机会进行提问，发现一些资源，阅读最新的资讯和见解。

当你能更平衡和健康地生活，获得更多成就时，你会成为真正的成功者。我真诚地盼望在不久的将来可以收到你的来信。

邀你改写你的故事，平衡你的成功

既然您已经阅读完了整本书，我们邀请您与我们一起继续您的旅程，并利用我们网站上提供的更多支持。

请访问下面的链接：www.TheCurseoftheCapable.com/ChangeYourStory，以获得这些有价值的资源及更多帮助。

• 你可以免费记录30天日志，并附赠乔拉米卡利博士鼓舞人心的语录。

• 正在进行的远程研讨会和网络研讨会，将帮你改变你的内心故事。

• 其他有价值的资源，包括每周的互动博客。

在乔拉米卡利博士的个性化指导下，你将得以解决原始内心故事中的那些障碍，正是它们使你无法得到自己渴望的爱、健康和平衡的成功。具体请访问 www.balanceyoursuccess.com。

想要了解那些过上平衡、健康人生的成就斐然者所拥有的生活方式的思维模式和技能，请登录 www.performancelifestyle.com。

致谢

我生命中所取得的每一个重要成就都离不开别人的爱、支持和指导。迄今我已经结婚29年了，我的妻子卡伦（Karen）一直充满爱意地给予我客观真实的反馈。

我们携手走过这么多年，你的诚实一直令我欣赏。我要再次感谢你始终对我的工作和我个人给予支持和信任，你的评论使我受益良多。近几年来，你一直鼓励我写作此书；现在，在你一直以来的支持下，它终于付梓。这本书的一个主要目的，就是希望读者通过周围那些有能力提供客观反馈的人，获得对自己的真实理解。而你用爱，一遍又一遍地给予我这份礼物。

我们的女儿阿莱娜（Alaina）以敏锐的洞察力阅读和悉心编辑了每一行手稿。你作为一个教育工作者的远见卓识提醒了我，使我意识到完美主义对年轻的心灵所带来的深远影响。你永远都在问我："爸爸，你写得怎么样了？"这些问候所给予我的极大支持，是你无法想象的。你的硕士论文指出了孩子们在我们这个快节奏的文化中成长所面临的困难，这也让我受益匪浅。你的年轻学生们非常幸运，有你这样一位心胸开阔的老师，并且你对创造促进良好心理发展的环境有着出色的洞察力。

我还要感谢我们的女儿爱丽卡（Erica）对我的支持和爱。你对智障人士耐心细致的关爱让我相信，只要给予适当的机会，任何人都可以做出改变。你的来访者们很幸运，在他们的生活中每天都有你充满善意关怀的微笑。很少有咨询师有这样的奉献精神和同情心来帮助慢性病患者，而你作为一个有才华的医生，不管你在他们的病历记录上读到过什么样的悲惨历史，你都能对他们的未来保持乐观的态度。

我的伙伴和好朋友约翰·艾伦·莫伦豪尔（John Allen Mollenhauer）从一开始就参与了这本书的逻辑架构，书中很多逻辑顺序都是我们在进行了大量沟通之后确定的。在约翰的鼓励下，我们决定参考我以前的作品，作为理解“魔咒”的基础。约翰·艾伦在精力管理方面的专业知识，使得我们能对“魔咒”的症状进行着重强调。在写作这本书的过程中，他自己的康复经历（在我们的网站上有专门介绍）都为我书中每一部分提供了建设性反馈。他的评论是基于他的实际经验，随着写作不断向前推进，因为约翰也亲身经历过书中提到的每一个阶段，所以他提供了一个基于真实人性的、非常深刻的评论视角。而他在健康生活方式培训和教练方面的专业知识也很容易整合到本书的理论前提之中。

卡伦·奥唐纳·泰勒（Karen O’Donnell Taylor）是一位教育家和作家，他对文本进行了编辑，这一重要贡献完全改变了本书的基调，使其更具可读性，更为简洁。

我的朋友琳达·胡德（Linda Hood）和洛里·罗巴克（Lori Roback）都提供了独特的见解，对编辑方面做出了评论，我都一一采纳。琳达和洛里对这本书的理论表达都提供了不同寻常的见解。

我们的出版人，黛博拉·米采克（Deborah Micek）从一开始就积极投入本书的筹备，她对新媒体营销的卓越掌握也使人受益匪浅。网页设计师黛博拉·卡拉罗（Deborah Carraro）也助益良多。此外，她还帮助我不断提高意大利语水平。

摩根·詹姆斯公司（Morgan James）的首席执行官大卫·汉考克（David Hancock）也从一开始就对这个项目倾注了极大的热情。与真正了解作品内容的出版商合作，我深感荣幸。运营总监吉姆·霍华德（Jim Howard）、作家关系顾问马戈·图卢兹（Margo Toulouse）、设计师大卫·奥斯汀·格劳（David Austin Grau）和公司整个团队在整个发行过程中都给予了很大的帮助。

我非常感谢长期以来支持我写作的家人和朋友：贾尼斯和吉米·布莱克勒夫妇（Janice and Jimmy Blackler），多琳和布莱恩·康斯坦丁诺（Doreen and Bryan Constantino），珍妮和马克·菲茨帕特里克夫妇（Jeanne and Mark Fitzpatrick），格里和理查德·泰西奇尼夫妇（Gerri and Richard Tessicini），戴安娜和理查德·维尔纳夫妇（Dianne and Richard Werner），以及唐娜（Donna）、丽莎（Lisa）和菲利普·伍德（Philip Wood）。

我的好朋友兼锻炼伙伴迈克·查冈（Mike Chagnon）一直支持我的写作，并在这个过程中鼓励我。我的朋友兼合作作家皮尔·马西莫·弗尼（Pier Massimo Forni）博士就这本书对普通读者的适用性提供了实用的建议。

吉姆·布伦南博士很贴心地读完了手稿，然后立刻发现我最喜欢的章节是“灵性学习者”。您鼓励我今后详细阐述这本书的核心思想，这对我来说意义非同寻常。

凯瑟琳博士（Dr. Catherine Pastille）也拨冗审阅了本书的手稿，基于在企业界和学术界的丰富经验，她清晰地了解出版这本书的必要性。

我的好朋友拉里·布雷迪（Larry Brady）曾是全美明星阵容（Academic All-American）的职业运动员，他帮助我愈加认识到，稳定保持高水平的业绩需要精力和专注力。

特别感谢菲尔·希姆斯（Phil Simms）从百忙之中抽出时间阅读手稿并撰

写前言。没有人比你更清楚有关高成就的是非曲直、来龙去脉了。您以谦逊的态度为人处世，在我的印象中，对于那些身处高位的人而言，这是非常难得的，这也给我们所有人都上了一课。与您结识是我的荣幸。

我的同事罗伯特·查涅（Robert Cherney）博士、瓦莱丽·索耶–史密斯（Valerie Sawyer–Smith）博士和彼得·史密斯（Peter Smith）博士一直以来对我的工作也非常支持。

最后，我要感谢那些找到我，并允许我帮助他们追求平衡生活的人们。这是一个互相学习的过程，让我也受益匪浅。感谢你们所有人！